2018年中国小麦质量报告

◎ 王步军　主编

中国农业科学技术出版社

图书在版编目（CIP）数据

2018 年中国小麦质量报告 / 王步军主编 . —北京：中国农业科学技术
出版社，2019.4
　ISBN 978-7-5116-4091-8

　Ⅰ . ① 2… 　Ⅱ . ①王… 　Ⅲ . ①小麦—品种—研究报告—中国— 2018
②小麦—质量—研究报告—中国— 2018 Ⅳ . ① S512.1

　中国版本图书馆 CIP 数据核字（2019）第 055195 号

责任编辑　张孝安　　崔改泵
责任校对　马广洋

出 版 者　中国农业科学技术出版社
　　　　　北京市中关村南大街 12 号　邮编：100081
电　　话　（010）82109708（编辑室）（010）82109704（发行部）
　　　　　（010）82109703（读者服务部）
传　　真　（010）82106650
网　　址　http://www.CASTP.cn
经 销 者　各地新华书店
印 刷 者　北京富泰印刷有限责任公司
开　　本　 898mm×1 194 mm　1 /16
印　　张　5.25
字　　数　130 千字
版　　次　2019 年 4 月第 1 版　2019 年 4 月第 1 次印刷
定　　价　68.00 元

《2018 年中国小麦质量报告》

编辑委员会

前 言

PREFACE

　　《2018年中国小麦质量报告》由农业农村部种植业管理司组织专家编写，中央财政项目等资金支持。农业农村部谷物品质监督检验测试中心、农业农村部谷物及制品质量监督检验测试中心（哈尔滨）、农业农村部谷物品质监督检验测试中心（泰安）和农业农村部农产品及制品质量监督检验测试中心（郑州）承担样品收集、质量检测、实验室鉴评和数据分析。

　　2018年，在河北省、山西省、内蒙古自治区、江苏省、安徽省、山东省、河南省、湖北省、四川省、陕西省、甘肃省和新疆维吾尔自治区12个省和自治区（全书正文均用简称）征集样品506份、品种228个。其中，强筋小麦样品161份，品种39个；中强筋小麦样品79份，品种49个；中筋小麦样品238份，品种135个；弱筋小麦样品28份，品种5个。检测的质量指标包括硬度指数、容重、水分、蛋白质含量、降落数值等5项籽粒质量指标，出粉率、沉淀指数、灰分、湿面筋含量、面筋指数等5项面粉质量指标，吸水量、形成时间、稳定时间、拉伸面积、延伸性、最大阻力等6项面团特性指标，面包体积、面包评分、面条评分等3项产品烘焙或蒸煮质量指标。

　　《2018年中国小麦质量报告》根据品种品质分类，按强筋小麦、中强筋小麦和中筋小麦编辑质量数据，每份样品给出样品编号、品种名称、达标情况、样品信息和品质数据信息。

　　《2018年中国小麦质量报告》科学、客观、公正地介绍和评价了2017—2018年度中国主要小麦品种及其产品质量状况，为从事小麦科研、技术推广、生产管理、收贮和面粉、食品加工等产业环节提供小麦质量信息。通过种粮大户抽样送样，质量报告中增加了样品来源信息，实现种粮大户和用麦企业有效对接。对农业生产部门科学推荐和农民正确选用优质小麦品种，收购和加工企业选购优质专用小麦原料，市场购销环节实行优质优价政策，都具有十分重要的意义。

　　由于受样品特征、数量等因素限制，在《2018年中国小麦质量报告》中可能存在不妥之处，敬请读者批评指正。

农业农村部种植业管理司

2018年12月

相关业务联系单位

农业农村部种植业管理司粮油处
北京市朝阳区农展馆南里 11 号
邮政编码：100125
电话：010-59192898，传真：010-59192865
E-mail: nyslyc@agri.gov.cn

农业农村部谷物品质监督检验测试中心
北京市海淀区中关村南大街 12 号
邮政编码：100081
电话：010-82105798，传真：010-82108742
E-mail: guwuzhongxin@caas.cn

农业农村部谷物及制品质量监督检验测试中心（哈尔滨）
黑龙江省哈尔滨市南岗区学府路 368 号
邮政编码：150086
电话：0451-86665716，传真：0451-86664921
E-mail: dcj8752@163.com

农业农村部谷物品质监督检验测试中心（泰安）
山东省泰安市岱宗大街 61 号
邮政编码：271018
电话：0538-8248196-1，传真：0538-8248196-1
E-mail: sdau-gwzj@126.com

农业农村部农产品质量监督检验测试中心（郑州）
河南省郑州市金水区花园路 116 号
邮政编码：450002
电话：010-65732532，传真：0371-65738394
E-mail: hnzbs@sina.cn

目 录
CONTENTS

1 总体状况 ·· 1

1.1 样品分布 ·· 1

1.2 总体质量 ·· 2

1.3 达标质量 ·· 3

1.4 强筋、中强筋、中筋小麦和弱筋小麦典型粉质、拉伸图 ··· 4

2 强筋小麦 ·· 5

2.1 品质综合指标 ·· 5

2.2 样本质量 ·· 6

3 中强筋小麦 ·· 27

3.1 品质综合指标 ·· 27

3.2 样本质量 ·· 28

4 中筋小麦 ·· 38

4.1 品质综合指标 ·· 38

4.2 样本质量 ·· 39

5 弱筋小麦 ·· 69

5.1 品质综合指标 ·· 69

5.2 样本质量 ·· 70

6 附录 ·· 74

6.1 面条制作和面条评分 ·································· 74

6.2 郑州商品交易所期货用优质强筋小麦 ·················· 74

6.3 中强筋小麦和中筋小麦 ································ 75

7 参考文献 ·· 76

1 总体状况

1.1 样品分布

2018 年，从中国 12 个省（区）征集样品有 506 份，品种有 228 个。其中，强筋小麦样品 161 份，品种 39 个，来自 94 个县（区、市、旗）；中强筋小麦样品有 79 份，品种有 49 个，来自 51 个县（区、市、旗）；中筋小麦样品有 238 份，品种有 135 个，来自 114 个县（区、市、旗）；弱筋小麦样品有 28 份，品种有 5 个，来自 24 个县（区、市）（图 1-1 和图 1-2）。

2018 年小麦达标情况：达到 GB/T 17982 优质强筋小麦标准（G）的样品有 31 份，品种有 12 个，来自 24 个县（区、市）；达到郑州商品交易所强筋小麦交割标准（Z）的样品有 65 份，品种有 35 个，来自 44 个县（区、市）；达到中强筋小麦标准（MS）的样品有 45 份，品种有 28 个，来自 37 个县（区、市、旗）；达到中筋小麦标准（MG）的样品有 155 份，品种有 94 个，来自 89 个县（区、市、旗）。

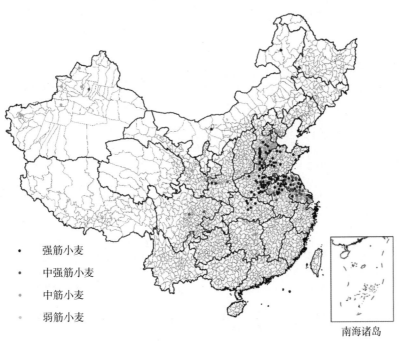

- 强筋小麦
- 中强筋小麦
- 中筋小麦
- 弱筋小麦

南海诸岛

图 1-1 全国小麦抽样县（区、市、旗）

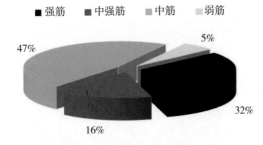

■ 强筋　■ 中强筋　■ 中筋　□ 弱筋

5%

47%

32%

16%

图 1-2 各品质类型小麦样品比例

1.2 总体质量

2018年小麦总体质量分析，如表1-1所示。

表1-1 总体质量分析

品种类型 样品数量	强筋小麦 161	中强筋小麦 79	中筋小麦 238	弱筋小麦 28	总平均
籽粒:					
硬度指数	64	63	62	56	62
容重(g/L)	788	796	783	787	787
水分(%)	10.6	10.9	10.7	11.2	10.7
粗蛋白(%,干基)	14.9	14.4	14.4	13.9	14.6
降落数值(s)	335	365	341	347	343
面粉					
出粉率(%)	68.3	68.0	67.7	66.4	67.9
沉淀指数(ml)	37.9	35.5	28.9	33.8	33.1
灰分(%,干基)	0.53	0.54	0.53	0.54	0.53
湿面筋(%,14%湿基)	31.5	32.3	33.4	32.1	32.6
面筋指数	90	81	60	70	73
面团					
吸水量(ml/100g)	59.6	60.4	60.1	58.8	59.9
形成时间(min)	5.4	4.9	3.1	2.9	4.1
稳定时间(min)	12.6	8.5	3.5	4.9	7.3
拉伸面积135(min)(cm²)	138	93	77		122
延伸性(mm)	164	155	165		161
最大拉伸阻力(E.U)	648	446	331		577
烘焙评价					
面包体积(ml)	845	768			825
面包评分	84	69			80
蒸煮评价					
面条评分	82	79	78	74	79

1.3 达标质量

2018 年小麦达标质量分析，如表 1-2 所示。

表 1-2　达标质量分析

质量标准	GB/T17892强筋标准(G)		郑州商品交易所强麦交割标准(Z)			年报标准	
达标等级	一等(G1)	二等(G2)	一等(Z1)	二等(Z2)	基准(Z3)	中强筋(MS)	中筋(MG)
籽粒							
硬度指数	64	66	65	65	63	63	62
容重(g/L)	796	795	790	800	800	800	797
水分(%)	10.3	10.5	10.4	10.8	10.6	10.8	10.9
粗蛋白(%,干基)	16.7	16.1	16.0	15.6	15.1	14.6	14.4
降落数值(s)	351	389	399	393	404	400	389
面粉							
出粉率(%)	67.9	67.6	68.1	68.7	68.5	67.9	68.3
沉淀指数(ml)	44.1	38.4	39.1	39.0	37.5	33.8	30.8
灰分(%,干基)	0.51	0.52	0.52	0.53	0.53	0.51	0.52
湿面筋(%,14%湿基)	38.0	33.9	32.9	33.9	34.0	33.0	33.5
面筋指数	86	90	96	90	84	76	66
面团							
吸水量(ml/100g)	60.8	60.2	59.2	59.5	59.9	60.1	60.2
形成时间(min)	6.4	9.1	8.8	6.3	5.6	4.9	3.5
稳定时间(min)	15.0	18.8	24.8	15.6	10.6	8.4	5.5
拉伸面积135(min)(cm²)	147	137	165	127	107	93	103
延伸性(mm)	175	165	168	160	157	152	149
最大拉伸阻力(E.U)	617	624	759	602	518	458	531
烘焙评价							
面包体积(ml)	839	863	865	806	790	769	805
面包评分	85	88	87	79	76	69	77
蒸煮评价							
面条评分				80	80	82	76

1.4 强筋、中强筋、中筋小麦和弱筋小麦典型粉质、拉伸图

中国强筋小麦、中强筋小麦、中筋小麦和弱筋小麦典型粉质图和拉伸图,如图 1-4-1、图 1-4-2、图 1-4-3 和图 1-4-4 所示。

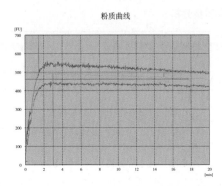
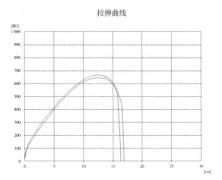

图 1-4-1 强筋小麦典型粉质图(左)与拉伸图

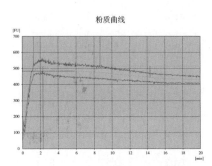
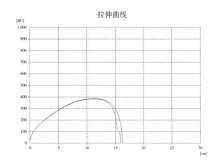

图 1-4-2 中强筋小麦典型粉质图(左)与拉伸图(右)

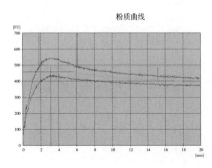
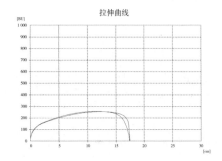

图 1-4-3 中筋小麦典型粉质图(左)与拉伸图(右)

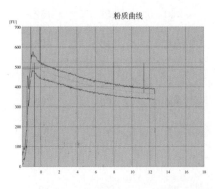
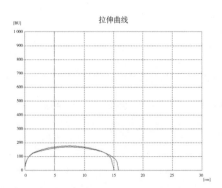

图 1-4-4 弱筋小麦典型粉质图(左)与拉伸图(右)

2 强筋小麦

2.1 品质综合指标

中国强筋小麦中，达到 GB/T 17982 优质强筋小麦标准（G）的样品有 31 份，达到郑州商品交易所强筋小麦交割标准（Z）的样品有 24 份；达到中强筋小麦标准（MS）的样品有 7 份；达到中筋小麦标准（MG）的样品有 22 份；未达标（—）样品有 77 份。强筋小麦主要品质指标特性如图 2-1 所示，达标小麦样品比例如图 2-2 所示，强筋小麦抽样县（区、市、旗）如图 2-3 所示。

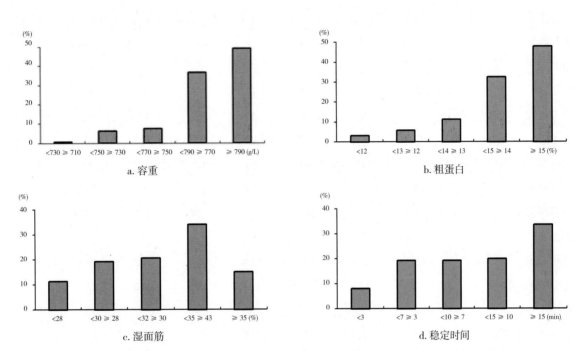

图 2-1 强筋小麦主要品质指标特征

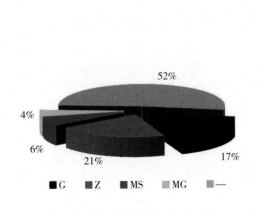

图 2-2 达标小麦样品比例

图 2-3 强筋小麦抽样县（区、市、旗）

2.2 样本质量

2018年强筋小麦样品品质分析统计，如下表所示。

表 样品品质分析统计

样品编号	2018CC018	180044	180042	180248	180257	180310	180005	180337
品种名称	巴麦12	泛麦8号	泛育麦17	丰德存麦5号	藁优2018	藁优2018	藁优2018	藁优2018
达标类型	—	—	MG	—	Z2	Z2	Z3	Z3
样品信息								
样品来源	内蒙古巴彦淖尔	河南西华	河南扶沟	河南鹿邑	河北赵县	河北临漳	河北宁晋	河北藁城
大户姓名	吴占飞	张海红	张群保	—	范立涛	王爱林	李聚谦	刘和宾
籽粒								
粒色	白	白	白	白	白	白	白	白
硬度指数	61	49	59	60	64	65	64	65
容重(g/L)	802	821	790	760	811	791	797	800
水分(%)	10.3	9.7	9.4	9.9	10.7	11.3	9.3	10.0
粗蛋白(%,干基)	12.8	13.6	14.6	17.5	15.1	15.5	15.5	14.8
降落数值(s)	215	297	353	491	426	432	401	466
面粉								
出粉率(%)	64.8	62.6	64.1	65.0	69.2	67.3	69.5	68.3
沉淀指数(ml)		42.0	45.0	45.5	32.5	34.0	37.0	30.0
灰分(%,干基)	0.56	0.56	0.49	0.49	0.46	0.53	0.50	0.52
湿面筋(%,14%湿基)	27.3	25.1	29.7	37.0	33.1	35.6	34.4	33.9
面筋指数		98	98	95	88	91	84	85
面团								
吸水量(ml/100g)	60.1	54.3	59.5	59.3	55.7	58.4	54.8	58.3
形成时间(min)	2.2	2.4	5.8	9.2	6.9	7.3	5.2	6.3
稳定时间(min)	8.2	10.8	14.0	14.7	13.5	15.9	10.4	11.6
拉伸面积135(min)(cm²)	114	132	121	127	103	116	107	100
延伸性(mm)	174	151	155	165	154	167	170	162
最大阻力(E.U)	499	677	601	574	511	514	493	456
烘焙评价								
面包体积(ml)	835	820	870	840	800	800	800	800
面包评分	81	84	90	82	77	77	77	77
蒸煮评价								
面条评分	85							

（续表）

样品编号	180077	180003	180273	180087	180002	180336	180224	180231
品种名称	藁优5218	藁优5218	藁优5218	藁优5766	藁优5766	藁优5766	济麦229	济麦229
达标类型	G2	G2/Z1	G2/Z3	MG	Z1	Z2	Z1	Z1
样品信息								
样品来源	河北曲周	河北宁晋	河北吴桥	河北成安	河北宁晋	河北藁城	山东东阿	山东惠民
大户姓名	李素彩	许建社	丁国良	李艳萍	许建社	刘和宾	张义松	杨秀平
籽粒								
粒色	白	白	白	白	白	白	白	白
硬度指数	65	68	62	65	69	69	67	66
容重(g/L)	778	783	782	793	774	787	812	819
水分(%)	9.2	9.2	12.5	10.0	9.0	10.5	10.3	10.0
粗蛋白(%,干基)	16.1	16.4	15.8	13.6	16.6	15.8	14.8	14.9
降落数值(s)	382	380	417	409	371	470	408	370
面粉								
出粉率(%)	67.7	68.2	69.7	66.8	68.0	67.0	66.3	68.0
沉淀指数(ml)	34.0	36.5	34.5	24.5	38.0	30.0	39.5	36.0
灰分(%,干基)	0.50	0.46	0.57	0.50	0.50	0.44	0.52	0.58
湿面筋(%,14%湿基)	36.9	34.5	34.1	32.0	35.6	33.8	31.1	30.7
面筋指数	85	96	89	56	96	91	97	98
面团								
吸水量(ml/100g)	60.2	60.1	59.2	60.1	63.8	65.0	59.5	61.1
形成时间(min)	5.5	9.3	5.7	3.0	7.5	7.5	3.0	2.2
稳定时间(min)	7.1	33.0	10.3	3.6	31.2	16.0	25.9	25.6
拉伸面积135(min)(cm²)	121	154	115		139	109	165	161
延伸性(mm)	182	157	167		155	167	155	146
最大阻力(E.U)	489	751	515		691	521	820	847
烘焙评价								
面包体积(ml)	840	840	840		800	800	850	850
面包评分	87	87	87		79	79	86	86
蒸煮评价								
面条评分								

（续表）

样品编号	180232	180245	180264	180017	2018CC027	2018CC028	180197	2018CC026
品种名称	济麦44	济南17	津强11	锦绣21	龙麦35	龙麦36	明麦133	内麦17
达标类型	G2/Z1	MG	Z1	Z2	MS	—	G2/Z3	—
样品信息								
样品来源	山东惠民	山东齐河	河北肃宁	河南浚县	内蒙古牙克石	内蒙古牙克石	江苏东台	内蒙古巴彦淖尔
大户姓名	杨秀平	王秀华	李建份	梁新枝	张树勇	张树勇	明天种业	李满明
籽粒								
粒色	白	白	白	白	红	红	红	白
硬度指数	64	67	72	63	61	64	67	69
容重(g/L)	770	796	774	795	782	780	810	799
水分(%)	10.9	10.5	10.8	9.5	12.0	10.2	11.2	10.3
粗蛋白(%,干基)	17.4	14.4	16.4	16.3	13.5	13.6	14.4	15.8
降落数值(s)	404	470	356	358	301	208	429	236
面粉								
出粉率(%)	66.1	69.0	68.7	70.6	67.2	68.7	71.3	67.5
沉淀指数(ml)	46.5	32.0	34.5	35.0			41.5	
灰分(%,干基)	0.52	0.51	0.53	0.45	0.46	0.55	0.54	0.62
湿面筋(%,14%湿基)	34.9	36.3	31.7	34.1	28.8	28.5	34.2	33.2
面筋指数	84	66	98	85			85	
面团								
吸水量(ml/100g)	63.6	63.4	58.1	57.8	60.0	62.6	62.5	63.4
形成时间(min)	7.7	3.7	8.2	11.8	3.2	3.5	3.4	8.3
稳定时间(min)	17.2	4.4	32.8	20.8	8.1	6.0	8.9	13.2
拉伸面积135(min)(cm²)	122		217	118	135		125	210
延伸性(mm)	167		219	119	203		173	234
最大阻力(E.U)	575		767	778	508		546	702
烘焙评价								
面包体积(ml)	850		890	780	860		845	870
面包评分	87		92	74	89		86	84
蒸煮评价								
面条评分				77	86	87		83

（续表）

样品编号	180194	180352	180347	180357	180358	180370	180356	180372
品种名称	农麦88	山农111	山农111	山农111	山农111	山农111	山农111	山农111
达标类型	G2/Z1	G2/Z3	MG	MG	MG	MG	Z1	Z1
样品信息								
样品来源	江苏高邮	山东岱岳	山东滨城区	河北献县	河北故城	山东东平	山东高新	山东宁阳
大户姓名	神农大丰种业	张凯	李恒钊	宗庆峰	李际栓	王延训	刘汉良	许增庆
籽粒								
粒色	红	白	白	白	白	白	白	白
硬度指数	65	64	64	60	60	60	60	60
容重(g/L)	806	818	798	770	779	773	771	784
水分(%)	11.0	10.3	11.4	10.8	10.9	11.2	10.8	10.8
粗蛋白(%,干基)	16.6	15.3	12.9	14.1	14.3	14.3	14.2	14.3
降落数值(s)	430	450	352	474	446	441	462	445
面粉								
出粉率(%)	66.9	68.4	71.9	72.2	73.6	73.0	72.9	73.3
沉淀指数(ml)	44.0	31.0	30.0	37.0	34.0	35.5	37.0	33.5
灰分(%,干基)	0.53	0.49	0.48	0.52	0.53	0.56	0.57	0.45
湿面筋(%,14%湿基)	34.7	34.3	28.0	28.1	28.8	29.4	30.7	30.1
面筋指数	95	87	94	98	98	97	97	97
面团								
吸水量(ml/100g)	63.1	61.3	57.7	56.2	56.2	56.0	56.9	56.2
形成时间(min)	6.7	4.5	1.9	2.2	2.5	2.5	2.5	6.4
稳定时间(min)	21.0	8.4	6.3	22.3	20.0	21.2	20.7	21.8
拉伸面积135(min)(cm²)	141	103		174	138	168	160	139
延伸性(mm)	161	151		156	146	146	167	144
最大阻力(E.U)	648	529		892	750	905	764	766
烘焙评价								
面包体积(ml)	850	820		820	820	820	820	820
面包评分	89	83		83	83	83	83	83
蒸煮评价								
面条评分								

（续表）

样品编号	180381	180344	180353	180351	180361	180368	180374	180371
品种名称	山农111	山农111	山农111	山农116	山农12	山农12	山农12	山农12
达标类型	Z1	—	—	Z2	MG	MG	MG	Z1
样品信息								
样品来源	山东新泰	山东肥城	山东平度	山东岱岳	安徽灵璧	山东宁阳	山东新泰	山东东平
大户姓名	岳荣雷	杨国柱	王汝章	张凯	潘树严	朱峰	岳荣雷	王延训
籽粒								
粒色	白	白	白	白	白	白	白	白
硬度指数	61	60	61	61	61	61	60	60
容重(g/L)	788	768	770	800	774	774	782	780
水分(%)	10.8	10.8	10.6	10.8	11.1	11.0	10.9	11.5
粗蛋白(%,干基)	14.3	14.3	14.1	14.3	14.1	14.2	14.3	14.3
降落数值(s)	482	473	447	421	441	449	446	459
面粉								
出粉率(%)	73.8	74.3	71.2	72.1	70.8	72.0	74.2	72.4
沉淀指数(ml)	33.5	32.0	39.0	32.0	36.0	36.0	36.0	31.0
灰分(%,干基)	0.46	0.46	0.48	0.50	0.47	0.54	0.52	0.54
湿面筋(%,14%湿基)	30.3	29.4	29.3	30.9	29.6	29.3	29.2	30.4
面筋指数	96	97	96	96	97	98	98	96
面团								
吸水量(ml/100g)	56.9	57.3	55.2	57.5	55.9	56.0	56.3	56.1
形成时间(min)	2.0	2.0	2.0	2.2	1.8	2.2	1.9	2.5
稳定时间(min)	21.2	20.1	20.8	14.8	21.4	22.1	20.2	21.4
拉伸面积135(min)(cm²)	122	157	155	139	152	137	140	154
延伸性(mm)	144	164	144	153	154	142	155	152
最大阻力(E.U)	679	734	871	723	783	776	798	789
烘焙评价								
面包体积(ml)	820	820	820	780	820	820	820	820
面包评分	83	83	83	75	83	83	83	83
蒸煮评价								
面条评分								

样品编号	180339	180354	180387	180348	180350	180355	180340	180359
品种名称	山农12	山农12	山农12	山农26	山农26	山农26	山农26	山农26
达标类型	—	—	—	MG	MG	MG	—	—
样品信息								
样品来源	山东肥城	山东平度	山东宁阳	山东滨城区	山东宁阳	山东平度	山东肥城	安徽寿县
大户姓名	汪西军	王汝章	刘聪	李恒钊	薛培贞	王汝章	汪西军	鲁志友
籽粒								
粒色	白	白	白	白	白	白	白	白
硬度指数	59	62	61	69	65	60	61	63
容重(g/L)	769	740	778	785	815	774	734	737
水分(%)	11.1	10.6	11.0	10.4	9.5	11.0	10.7	11.1
粗蛋白(%,干基)	14.2	15.0	14.3	15.0	13.9	14.2	15.1	14.9
降落数值(s)	452	478		389	478	412	410	406
面粉								
出粉率(%)	73.9	69.5	72.2	67.2	70.0	71.6	70.7	71.8
沉淀指数(ml)	34.0	38.0	33.5	27.0	31.0	34.0	37.0	35.0
灰分(%,干基)	0.49	0.51	0.53	0.51	0.53	0.54	0.50	0.56
湿面筋(%,14%湿基)	29.2	32.8	29.4	29.6	28.6	29.9	32.6	33.1
面筋指数	99	96	97	99	97	97	97	93
面团								
吸水量(ml/100g)	56.7	54.7	56.5	64.1	58.3	56.1	56.5	56.5
形成时间(min)	2.4	2.8	2.3	2.4	3.0	2.0	2.5	5.5
稳定时间(min)	18.3	17.0	21.7	4.9	9.3	14.3	16.3	15.3
拉伸面积135(min)(cm²)	139	171	126		127	151	136	118
延伸性(mm)	163	177	144		153	152	184	169
最大阻力(E.U)	690	751	675		631	762	587	523
烘焙评价								
面包体积(ml)	820	820	820		850	850	850	850
面包评分	83	83	83		86	86	86	86
蒸煮评价								
面条评分								

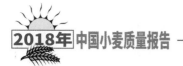

（续表）

样品编号	180362	180373	180379	180084	180004	180023	180061	180269
品种名称	山农26	山农26	山农26	师栾02-1	师栾02-1	师栾02-1	师栾02-1	师栾02-1
达标类型	—	—	—	G1/Z1	G2/Z1	G2/Z1	G2/Z1	G2/Z1
样品信息								
样品来源	安徽灵璧	山东新泰	山东东平	河北成安	河北宁晋	河北宁晋	河北隆尧	河北柏乡
大户姓名	潘树严	岳荣雷	王延训	赵海臣	许建社	张春果	潘占东	常清
籽粒								
粒色	白	白	白	白	白	白	白	白
硬度指数	62	62	63	64	68	66	68	67
容重(g/L)	737	742	744	793	802	806	789	791
水分(%)	10.6	10.2	10.8	9.2	9.8	10.1	10.8	10.9
粗蛋白(%,干基)	14.7	15.1	15.1	17.5	17.2	17.1	16.3	16.3
降落数值(s)	443	428	427	394	350	358	394	373
面粉								
出粉率(%)	71.2	70.7	71.9	66.0	69.0	66.9	65.3	65.4
沉淀指数(ml)	36.0	36.0	37.0	44.0	49.5	39.0	39.0	35.5
灰分(%,干基)	0.55	0.56	0.57	0.53	0.51	0.49	0.59	0.50
湿面筋(%,14%湿基)	33.1	31.9	31.9	38.4	34.3	34.5	33.1	32.5
面筋指数	95	96	95	94	99	96	95	97
面团								
吸水量(ml/100g)	57.0	56.4	55.9	61.1	58.4	57.8	54.2	57.4
形成时间(min)	3.0	5.7	2.7	8.7	12.5	7.8	8.2	11.0
稳定时间(min)	15.6	15.4	17.4	19.5	36.0	26.1	22.8	30.2
拉伸面积135(min)(cm²)	126	137	137	215	211	167	192	193
延伸性(mm)	188	195	176	209	170	176	181	181
最大阻力(E.U)	532	549	602	774	966	723	827	784
烘焙评价								
面包体积(ml)	850	850	850	885	885	885	885	885
面包评分	86	86	86	90	90	90	90	90
蒸煮评价								
面条评分								

样品编号	180270	180271	180301	180330	180258	180070	180049	180057
品种名称	师栾02-1	师栾02-1	师栾02-1	师栾02-1	师栾02-1	师栾02-1	师栾02-1	师栾02-1
达标类型	G2/Z1	G2/Z1	G2/Z1	G2/Z1	G2/Z2	Z1	—	—
样品信息								
样品来源	河北柏乡	河北柏乡	河北故城	河北枣强	河北隆尧	河北任县	河北柏乡	河北清苑
大户姓名	常清	常清	贾正涛	王红图	刘军锋	赵孟辉	常乾	李坤
籽粒								
粒色	白	白	白	白	白	白	白	白
硬度指数	67	67	69	67	71	70	67	68
容重(g/L)	786	778	788	789	788	778	767	807
水分(%)	11.1	11.1	11.0	10.4	11.8	11.2	10.8	10.8
粗蛋白(%,干基)	16.5	16.3	16.4	17.0	16.9	16.2	16.6	15.6
降落数值(s)	435	375	396	436	378	345	360	295
面粉								
出粉率(%)	66.5	65.3	66.9	65.3	66.3	61.8	65.7	68.8
沉淀指数(ml)	35.0	34.5	37.0	36.0	35.0	37.0	38.0	42.0
灰分(%,干基)	0.48	0.53	0.57	0.44	0.54	0.45	0.47	0.45
湿面筋(%,14%湿基)	33.6	32.5	33.5	33.5	33.3	31.3	33.2	30.3
面筋指数	91	96	97	97	96	97	95	98
面团								
吸水量(ml/100g)	56.7	57.7	60.1	58.2	59.4	55.5	57.6	54.6
形成时间(min)	10.2	12.2	7.8	17.2	8.8	9.0	7.5	2.2
稳定时间(min)	25.6	30.0	16.9	38.7	18.3	26.4	13.5	10.4
拉伸面积135(min)(cm²)	160	171	144	187	118	156	152	188
延伸性(mm)	170	165	178	170	159	145	180	160
最大阻力(E.U)	746	794	641	861	544	848	653	928
烘焙评价								
面包体积(ml)	885	885	885	885	885	885	885	885
面包评分	90	90	90	90	90	90	90	90
蒸煮评价								
面条评分								

（续表）

样品编号	180069	N180393	180066	N180356	N180389	N180395	180067	180015
品种名称	师栾02-1	伟隆169	伟隆169	伟隆169	伟隆169	伟隆169	西农20	西农20
达标类型	—	MG	Z1	Z2	Z3	—	G2/Z1	—
样品信息								
样品来源	河北任县	安徽萧县	江苏沭阳	安徽萧县	安徽濉溪	安徽	江苏沭阳	河南泌阳
大户姓名	王占波	许吉同	章玉中	王飞	朱跃	李东桥	王庆江	李坤亮
籽粒								
粒色	白	白	白	白	白	白	白	白
硬度指数	71	67	63	66	68	66	65	68
容重(g/L)	743	806	785	819	788	771	802	802
水分(%)	10.6	11.0	9.9	10.8	10.9	10.8	10.4	9.9
粗蛋白(%,干基)	16.8	14.6	15.2	16.4	15.1	17.1	16.2	15.3
降落数值(s)	359	401	423	430	330	247	411	253
面粉								
出粉率(%)	56.3	72.3	70.3	72.5	67.9	73.6	67.9	68.3
沉淀指数(ml)	39.0	47.0	35.0	44.0	48.0	55.0	38.0	35.0
灰分(%,干基)	0.46	0.61	0.58	0.85	0.83	0.80	0.59	0.55
湿面筋(%,14%湿基)	28.1	29.2	31.3	32.3	34.2	36.2	34.2	35.9
面筋指数	99	96	98	98	93	96	96	88
面团								
吸水量(ml/100g)	65.1	61.5	56.2	62.3	63.3	61.7	62.7	63.8
形成时间(min)	20.0	3.1	3.5	6.3	5.4	4.1	8.5	5.2
稳定时间(min)	25.0	13.4	19.7	14.3	11.8	15.0	17.2	8.3
拉伸面积135(min)(cm²)	142	181	175	192	157	183	168	131
延伸性(mm)	130	188	155	188	198	182	184	183
最大阻力(E.U)	856	776	890	797	600	783	682	552
烘焙评价								
面包体积(ml)	885		830			938	940	940
面包评分	90		82			86	94	94
蒸煮评价								
面条评分						73		

（续表）

样品编号	180016	N180387	N180390	N180396	180109	180096	180106	N180329
品种名称	西农20	西农20	西农20	西农20	西农511	西农511	西农511	西农511
达标类型	—	—	—	—	G1/Z3	MG	MG	MG
样品信息								
样品来源	河南西平	安徽埇桥区	安徽濉溪	安徽	河南虞城	江苏邳州	河南内黄	安徽濉溪
大户姓名	李坤亮	雷修春	朱跃	李东桥	李孝芬	孟斌	杨峥	刘超
籽粒								
粒色	白	白	白	白	白	白	白	白
硬度指数	65	67	67	67	63	65	66	69
容重(g/L)	801	717	778	794	785	800	798	787
水分(%)	9.5	10.6	10.3	10.9	9.0	10.5	10.2	11.4
粗蛋白(%,干基)	17.0	16.6	16.7	16.4	17.2	16.4	14.2	16.4
降落数值(s)	189	355	211	271	308	301	331	315
面粉								
出粉率(%)	69.1	71.6	71.4	72.1	67.2	66.3	68.3	71.7
沉淀指数(ml)	43.0	48.0	48.0	51.0	39.0	36.0	30.0	42.0
灰分(%,干基)	0.50	0.75	0.80	0.77	0.47	0.46	0.55	0.77
湿面筋(%,14%湿基)	35.6	36.7	37.8	37.3	40.2	35.9	30.0	35.1
面筋指数	91	98	97	96	74	71	91	84
面团								
吸水量(ml/100g)	62.3	69.8	68.5	69.8	59.7	60.0	56.3	61.4
形成时间(min)	5.7	6.9	6.7	6.8	6.0	4.5	6.2	5.4
稳定时间(min)	13.3	10.6	8.0	8.0	11.0	4.8	7.2	7.4
拉伸面积135(min)(cm^2)	159	159	168	172	119		78	100
延伸性(mm)	186	206	236	220	165		128	168
最大阻力(E.U)	672	618	540	594	545		448	458
烘焙评价								
面包体积(ml)	940	1008			820		820	
面包评分	94	90			80		80	
蒸煮评价								
面条评分		75						71

（续表）

样品编号	180092	180093	180094	180097	180098	180099	180101	180105
品种名称	西农511	西农511	西农511	西农511	西农511	西农511	西农511	西农511
达标类型	—	—	—	—	—	—	—	—
样品信息								
样品来源	河南商水	河南建安	河南郸城	河南确山	河南社旗	河南龙亭	安徽谯城	河南西平
大户姓名	李国庆	郭星	王艳萍	杜力	刘德永	王景行	徐飞	刘勇刚
籽粒								
粒色	白	白	白	白	白	白	白	白
硬度指数	66	62	65	64	62	64	63	65
容重(g/L)	785	807	789	777	778	813	757	787
水分(%)	10.7	9.6	10.3	10.6	9.2	10.2	9.5	10.3
粗蛋白(%,干基)	14.9	13.9	14.7	14.9	15.3	14.9	15.9	14.2
降落数值(s)	236	243	273	167	272	240	291	198
面粉								
出粉率(%)	64.7	67.4	66.6	65.9	65.1	64.2	61.6	65.3
沉淀指数(ml)	34.5	30.0	38.0	37.5	42.0	34.0	35.5	36.0
灰分(%,干基)	0.51	0.56	0.49	0.50	0.54	0.53	0.58	0.47
湿面筋(%,14%湿基)	30.2	29.2	29.8	30.2	32.0	29.9	32.9	28.8
面筋指数	96	96	89	95	86	88	79	84
面团								
吸水量(ml/100g)	53.6	54.4	53.4	54.6	56.2	55.1	58.4	54.3
形成时间(min)	8.5	4.8	2.0	2.3	6.5	5.0	4.8	7.3
稳定时间(min)	14.2	7.0	18.2	9.8	9.6	8.0	6.1	10.7
拉伸面积135(min)(cm²)	139	100	156	124	106	113		101
延伸性(mm)	133	138	138	156	145	130		140
最大阻力(E.U)	829	542	879	611	536	672		562
烘焙评价								
面包体积(ml)	820	820	820	820	820	820		820
面包评分	80	80	80	80	80	80		80
蒸煮评价								
面条评分								

（续表）

样品编号	180108	N180392	180095	180100	180107	180027	2018CC010	2018CC011
品种名称	西农511	西农511	西农529	西农529	西农529	西农583	西农979	西农979
达标类型	—	—	—	—	—	—	—	—
样品信息								
样品来源	河南汝南	安徽濉溪	河南建安	河南平舆	江苏泗洪	河南孟州	湖北宜城	湖北宜城
大户姓名	张春华	刘超	李政	崔德山	余雅红	毛永晓	李志友	唐明涛
籽粒								
粒色	白	白	白	白	白	白	白	白
硬度指数	64	68	64	64	67	66	57	57
容重(g/L)	780	776	787	743	785	790	796	805
水分(%)	9.8	11.1	10.3	10.5	10.9	11.3	10.5	9.6
粗蛋白(%,干基)	15.4	16.1	14.2	15.2	15.1	16.0	12.1	13.0
降落数值(s)	250	152	207	128	193	296	271	257
面粉								
出粉率(%)	66.9	69.6	67.6	61.8	66.3	70.4	69.3	70.5
沉淀指数(ml)	37.0	41.0	38.5	47.5	37.0	41.0		
灰分(%,干基)	0.54	0.78	0.45	0.44	0.50	0.52	0.41	0.46
湿面筋(%,14%湿基)	33.3	34.7	27.9	29.7	31.3	36.2	25.4	27.3
面筋指数	91	79	98	97	93	94		
面团								
吸水量(ml/100g)	56.2	61.3	54.3	54.7	62.1	59.7	58.1	58.7
形成时间(min)	4.8	5.9	2.5	1.9	2.7	6.2	1.9	4.0
稳定时间(min)	8.5	8.2	17.1	5.2	8.0	8.7	2.7	5.3
拉伸面积135(min)(cm²)	110	120	159		122	163		
延伸性(mm)	162	164	170		176	210		
最大阻力(E.U)	491	582	772		525	576		
烘焙评价								
面包体积(ml)	820		820		820			
面包评分	80		78		78			
蒸煮评价								
面条评分								

（续表）

样品编号	2018CC012	2018CC023	2018XM001	2018XM009	2018XM038	2018CC020	180250	180054
品种名称	西农979	西农979	西农979	西农979	西农979	襄麦25	新麦26	新麦26
达标类型	—	—	—	—	—	—	G2/Z1	—
样品信息								
样品来源	湖北宜城	湖北襄阳	湖北	湖北	陕西眉县	湖北襄阳	河南鹿邑	河南长葛
大户姓名	薛家敏	周根旺	—	—	李莹	刘海峰	—	马德坡
籽粒								
粒色	白	白	白	白	白	白	白	白
硬度指数	56	71	59	56	65	55	65	66
容重(g/L)	796	801	782	756	808	812	781	768
水分(%)	9.5	12.0	10.4	13.7	12.4	10.4	10.8	11.1
粗蛋白(%,干基)	12.5	12.9	12.5	13.2	12.7	12.4	17.8	16.2
降落数值(s)	285	243	246	333	266	236	442	193
面粉								
出粉率(%)	69.5	56.0	61.2	60.4	76.5	68.4	66.4	65.0
沉淀指数(ml)							52.5	48.5
灰分(%,干基)	0.51	0.54	0.48	0.45	0.44	0.44	0.50	0.48
湿面筋(%,14%湿基)	26.2	27.0	22.4	29.1	26.8	26.1	33.2	32.2
面筋指数							98	97
面团								
吸水量(ml/100g)	58.3	65.0	60.7	58.3	63.0	56.6	66.2	60.6
形成时间(min)	4.5	3.3	1.9	1.7	3.8	2.9	31.3	3.0
稳定时间(min)	5.9	6.0	3.7	1.8	2.6	5.1	31.6	13.7
拉伸面积135(min)(cm²)							199	185
延伸性(mm)							189	184
最大阻力(E.U)							812	765
烘焙评价								
面包体积(ml)							965	965
面包评分							90	90
蒸煮评价								
面条评分	84					77		

（续表）

样品编号	180068	N180365	N180384	180214	N180325	180114	180145	180163
品种名称	新麦26	新麦26	新麦26	烟农19	烟农19	烟农19	烟农19	烟农19
达标类型	—	—	—	MG	MG	MS	MS	MS
样品信息								
样品来源	河南浚县	安徽蒙城	安徽寿县	江苏涟水	安徽泗县	江苏沭阳	江苏睢宁	江苏新沂
大户姓名	周位起	刘梅	韩年胜	陈明忠	鲍从珍	付子来	睢宁基地	王义胜
籽粒								
粒色	白	白	白	白	白	白	白	白
硬度指数	65	69	65	62	66	64	65	63
容重(g/L)	759	770	732	802	788	805	788	812
水分(%)	9.8	11.5	10.9	10.9	11.2	10.7	10.8	11.1
粗蛋白(%,干基)	16.1	14.8	14.3	14.5	14.5	15.0	13.5	14.7
降落数值(s)	417	208	146	445	477	437	429	410
面粉								
出粉率(%)	65.6	65.6	73.0	69.1	71.9	68.3	69.7	68.5
沉淀指数(ml)	48.0	57.0	45.0	29.0	40.0	30.0	35.0	33.0
灰分(%,干基)	0.46	0.70	0.74	0.53	0.59	0.46	0.49	0.49
湿面筋(%,14%湿基)	30.6	32.2	30.0	36.6	33.4	35.0	29.8	35.6
面筋指数	98	95	97	56	73	58	89	58
面团								
吸水量(ml/100g)	62.6	66.9	62.8	61.2	60.7	61.6	57.0	60.7
形成时间(min)	35.7	2.7	2.1	2.8	4.6	3.0	5.5	3.2
稳定时间(min)	35.3	5.6	3.7	4.8	7.7	6.1	11.7	5.0
拉伸面积135(min)(cm²)	218				102		99	
延伸性(mm)	179				160		136	
最大阻力(E.U)	938				485		534	
烘焙评价								
面包体积(ml)	965						780	
面包评分	90						78	
蒸煮评价								
面条评分		74				82	82	82

（续表）

样品编号	N180328	N180337	N180338	N180346	N180357	N180376	N180378	N180350
品种名称	烟农19	烟农19	烟农19	烟农19	烟农19	烟农19	烟农19	烟农999
达标类型	—	—	—	—	—	—	—	—
样品信息								
样品来源	安徽潘集	安徽凤阳	安徽埇桥区	安徽固镇	安徽凤台	安徽怀远	安徽怀远	安徽泗县
大户姓名	聂朋团	刘言毛	魏强	董志新	鲍如福	张志波	李占海	李庆文
籽粒								
粒色	白	白	白	白	白	白	白	白
硬度指数	68	68	68	68	68	66	68	50
容重(g/L)	781	766	798	754	772	748	790	800
水分(%)	11.0	10.8	11.2	10.7	11.0	10.9	10.9	11.1
粗蛋白(%,干基)	15.0	13.8	13.9	13.7	15.4	14.7	13.6	14.2
降落数值(s)	64	169	262	292	111	85	207	252
面粉								
出粉率(%)	67.2	70.5	70.4	68.1	66.3	69.9	70.1	66.1
沉淀指数(ml)	41.0	33.0	41.0	46.0	36.0	39.0	42.0	40.0
灰分(%,干基)	0.59	0.82	0.69	0.68	0.55	0.82	0.66	0.78
湿面筋(%,14%湿基)	26.9	28.3	33.5	32.1	28.0	25.6	31.6	28.5
面筋指数	86	96	69	91	74	95	90	97
面团								
吸水量(ml/100g)	62.2	62.1	64.7	64.1	60.6	61.5	64.7	58.3
形成时间(min)	1.6	5.0	4.2	4.1	1.5	1.6	3.8	4.3
稳定时间(min)	2.1	6.2	4.9	6.5	2.2	1.9	4.5	10.9
拉伸面积135(min)(cm²)								130
延伸性(mm)								169
最大阻力(E.U)								602
烘焙评价								
面包体积(ml)								873
面包评分								86
蒸煮评价								
面条评分		80						75

（续表）

样品编号	180091	180020	180010	2018XM030	180032	180072	180111	180249
品种名称	郑麦119	郑麦366	郑麦366	郑麦366	郑麦7698	郑麦7698	郑麦7698	郑麦7698
达标类型	—	MS	Z3/MS	—	G2	G2	G2	G2
样品信息								
样品来源	河南建安	河南浚县	河南孟县	陕西宝鸡	河南滑县	河南杞县	河南西华	河南鹿邑
大户姓名	徐文丽	胡开增	张胜利	张继明	徐永杰	梁国富	华梦家庭农场	—
籽粒								
粒色	白	白	白	白	白	白	白	白
硬度指数	63	63	65	71	66	63	65	66
容重(g/L)	805	793	816	818	785	819	781	809
水分(%)	10.8	10.9	9.8	12.2	9.3	10.1	10.4	11.2
粗蛋白(%,干基)	16.4	13.8	16.0	16.8	14.5	14.5	15.4	15.9
降落数值(s)	234	379	388	258	386	362	314	360
面粉								
出粉率(%)	69.9	66.1	70.8	66.2	69.0	68.2	61.7	68.2
沉淀指数(ml)	42.0	32.0	36.5		30.5	30.5	35.0	33.0
灰分(%,干基)	0.45	0.54	0.50	0.48	0.51	0.55	0.52	0.49
湿面筋(%,14%湿基)	35.9	30.6	34.5	37.0	33.3	32.2	33.0	33.8
面筋指数	93	71	91		78	80	80	86
面团								
吸水量(ml/100g)	61.3	56.5	60.9	65.6	61.1	59.4	62.0	60.8
形成时间(min)	6.2	4.3	6.7	7.3	4.2	5.8	5.2	7.5
稳定时间(min)	8.9	7.0	8.6	5.3	7.0	10.5	9.3	9.9
拉伸面积135(min)(cm²)	202	72	128		55	81	85	67
延伸性(mm)	200	142	181		145	148	152	144
最大阻力(E.U)	787	366	536		270	396	400	334
烘焙评价								
面包体积(ml)	920	775	775	850	830	830	830	830
面包评分	92	73	73	83	86	86	86	86
蒸煮评价								
面条评分		84	84	83				

（续表）

样品编号	180034	180078	180033	180035	180073	180074	180080	180110
品种名称	郑麦7698	郑麦7698	郑麦7698	郑麦7698	郑麦7698	郑麦7698	郑麦7698	郑麦7698
达标类型	G2/Z3	G2/Z3	MG	Z3	—	—	—	—
样品信息								
样品来源	河南民权	河南夏邑	江苏铜山	江苏射阳	河南淮阳	河南商水	河南建安	河南项城
大户姓名	赵洪献	王建军	宋兴春	江苏大华种业	王文斌	杜卫远	刘成	张黎明
籽粒								
粒色	白	白	白	白	白	白	白	白
硬度指数	65	65	67	67	66	65	66	65
容重(g/L)	786	825	813	796	812	797	819	778
水分(%)	9.9	10.3	10.3	10.9	10.9	10.6	10.0	10.2
粗蛋白(%,干基)	15.7	15.5	14.1	14.6	15.2	14.8	14.3	15.5
降落数值(s)	415	418	400	375	258	176	225	133
面粉								
出粉率(%)	68.3	68.1	68.8	64.6	66.9	66.0	65.7	62.0
沉淀指数(ml)	35.0	35.0	30.5	39.5	31.5	34.0	35.0	40.0
灰分(%,干基)	0.50	0.50	0.50	0.52	0.47	0.47	0.57	0.46
湿面筋(%,14%湿基)	36.3	33.7	30.9	31.6	33.0	32.1	30.8	34.3
面筋指数	70	79	78	88	72	85	85	86
面团								
吸水量(ml/100g)	62.8	60.1	60.7	63.3	59.3	58.3	60.4	59.0
形成时间(min)	9.9	6.2	6.2	8.4	4.3	3.7	7.0	2.9
稳定时间(min)	9.1	12.2	12.5	17.3	7.1	7.0	13.7	8.6
拉伸面积135(min)(cm²)	96	91	87	90	67	111	112	99
延伸性(mm)	145	130	123	130	121	175	146	146
最大阻力(E.U)	507	528	523	520	404	511	591	487
烘焙评价								
面包体积(ml)	830	830	830	830	830	830	830	830
面包评分	86	86	86	86	86	86	86	86
蒸煮评价								
面条评分								

（续表）

样品编号	180133	180184	180168	180113	2018CC006	2018CC001	2018CC024	180186
品种名称	郑麦9023	郑麦9023	郑麦9023	郑麦9023	郑麦9023	郑麦9023	郑麦9023	郑麦9023
达标类型	G1/Z2	G1/Z2	G2/Z2	MG	MG	MS	MS	Z2
样品信息								
样品来源	江苏盐都	江苏洪泽	江苏大丰	江苏射阳	湖北钟祥	湖北随县	湖北襄阳	江苏淮安
大户姓名	顾荣兵	—	禾盛	于正亮	常胜发	张祖华	周继军	陈万玉
籽粒								
粒色	白	白	白	白	白	白	白	白
硬度指数	63	64	67	66	64	58	63	66
容重(g/L)	809	795	811	796	797	827	813	820
水分(%)	11.5	11.3	11.4	10.6	13.9	9.4	10.7	10.5
粗蛋白(%,干基)	16.4	15.7	14.9	13.2	13.2	13.9	14.5	14.6
降落数值(s)	335	366	312	387	308	304	353	357
面粉								
出粉率(%)	68.9	69.3	69.8	69.1	68.7	69.5	66.5	69.2
沉淀指数(ml)	45.0	48.5	42.5	23.0				43.0
灰分(%,干基)	0.52	0.50	0.59	0.51	0.46	0.43	0.43	0.50
湿面筋(%,14%湿基)	38.5	35.0	34.1	30.3	28.1	29.1	30.4	31.3
面筋指数	83	93	85	54				97
面团								
吸水量(ml/100g)	62.7	59.5	60.7	61.5	68.6	57.5	62.0	61.0
形成时间(min)	6.2	4.7	4.2	4.9	3.8	5.0	5.5	2.7
稳定时间(min)	16.0	13.3	12.7	4.4	3.6	6.3	7.7	13.3
拉伸面积135(min)(cm²)	127	125	123				127	154
延伸性(mm)	171	155	178				143	164
最大阻力(E.U)	544	604	512				680	701
烘焙评价								
面包体积(ml)	825	825	825				845	825
面包评分	85	85	85				82	85
蒸煮评价								
面条评分						86	86	

（续表）

样品编号	2018CC002	2018CC003	2018CC007	2018CC009	2018CC013	2018CC014	2018CC015	2018XM003
品种名称	郑麦9023	郑麦9023	郑麦9023	郑麦9023	郑麦9023	郑麦9023	郑麦9023	郑麦9023
达标类型	—	—	—	—	—	—	—	—
样品信息								
样品来源	湖北随县	湖北钟祥	湖北荆门	湖北枣阳	湖北宜城	湖北宜城	湖北宜城	湖北
大户姓名	胡兵	杜永钟	莫旭峰	李宁	曾波	何洪敏	张建	—
籽粒								
粒色	白	白	白	白	白	白	白	白
硬度指数	65	71	61	53	58	59	59	58
容重(g/L)	790	806	761	823	824	818	796	805
水分(%)	8.5	13.4	11.9	9.1	10.4	11.8	9.1	8.5
粗蛋白(%,干基)	14.4	13.8	14.9	14.3	11.2	10.9	10.9	11.6
降落数值(s)	294	281	278	267	173	286	271	254
面粉								
出粉率(%)	73.2	64.2	60.4	70.9	68.8	68.3	72.8	68.2
沉淀指数(ml)								
灰分(%,干基)	0.37	0.45	0.57	0.60	0.47	0.50	0.52	0.47
湿面筋(%,14%湿基)	32.1	30.5	31.2	30.0	22.4	21.8	21.8	20.9
面筋指数								
面团								
吸水量(ml/100g)	63.1	65.1	61.0	56.4	60.4	60.5	60.6	60.5
形成时间(min)	4.9	4.5	3.9	1.8	1.7	1.5	1.8	1.5
稳定时间(min)	5.8	5.5	3.3	1.8	2.9	1.8	3.3	1.4
拉伸面积135(min)(cm²)								
延伸性(mm)								
最大阻力(E.U)								
烘焙评价								
面包体积(ml)								
面包评分								
蒸煮评价								
面条评分	84	86	87				87	

样品编号	2018XM004	2018XM005	2018XM006	2018XM007	180031	180024	180328	180272
品种名称	郑麦9023	郑麦9023	郑麦9023	郑麦9023	中麦29	中麦578	中麦578	中麦578
达标类型	—	—	—	—	Z2/MS	G2/Z1	G2/Z1	—
样品信息								
样品来源	湖北	湖北	湖北	湖北	河北南和	河南滑县	河南濮阳	河北柏乡
大户姓名	—	—	—	—	郑聚明	吴昊	宋亚兵	常清
籽粒								
粒色	白	白	白	白	白	白	白	白
硬度指数	50	45	50	61	64	61	60	61
容重(g/L)	802	785	779	795	785	802	805	765
水分(%)	10.2	11.6	9.3	14.3	10.1	9.4	9.8	11.3
粗蛋白(%,干基)	11.6	15.4	12.5	15.6	14.9	16.4	15.2	15.5
降落数值(s)	238	260	276	243	351	315	392	372
面粉								
出粉率(%)	65.3	61.4	65.8	69.3	70.4	72.3	70.0	71.2
沉淀指数(ml)					35.5	52.0	44.5	38.5
灰分(%,干基)	0.57	0.43	0.56	0.50	0.52	0.50	0.58	0.55
湿面筋(%,14%湿基)	20.9	30.9	26.2	34.4	31.8	34.5	32.3	30.1
面筋指数					94	95	96	98
面团								
吸水量(ml/100g)	55.4	52.4	55.2	61.7	54.2	59.8	59.6	59.0
形成时间(min)	1.7	1.5	1.0	2.8	6.8	13.9	11.5	13.4
稳定时间(min)	1.6	1.1	1.0	3.4	13.0	20.5	17.7	25.3
拉伸面积135(min)(cm²)					119	164	158	152
延伸性(mm)					139	169	169	147
最大阻力(E.U)					641	756	701	815
烘焙评价								
面包体积(ml)					765	870	870	870
面包评分					71	88	88	88
蒸煮评价								
面条评分				82	81			

（续表）

样品编号	180297
品种名称	周麦36
达标类型	Z3/MS

样品信息

样品来源	河南太康
大户姓名	张娟

籽粒

粒色	白
硬度指数	63
容重(g/L)	797
水分(%)	10.4
粗蛋白(%,干基)	15.8
降落数值(s)	328

面粉

出粉率(%)	68.3
沉淀指数(ml)	35.5
灰分(%,干基)	0.53
湿面筋(%,14%湿基)	32.5
面筋指数	90

面团

吸水量(ml/100g)	55.8
形成时间(min)	7.2
稳定时间(min)	13.0
拉伸面积135(min)(cm²)	97
延伸性(mm)	132
最大阻力(E.U)	582

烘焙评价

面包体积(ml)	760
面包评分	71

蒸煮评价

面条评分	83

3　中强筋小麦

3.1　品质综合指标

中强筋小麦中，达到郑州商品交易所强筋小麦交割标准（Z）的样品有 14 份；达到中强筋小麦标准（MS）的样品有 17 份；达到中筋小麦标准（MG）的样品有 19 份；未达标（—）样品有 29 份。中强筋小麦主要品质指标特性如图 3-1 所示，达标小麦样品比例如图 3-2 所示，中强筋小麦抽样县（区、市、旗）如图 3-3 所示。

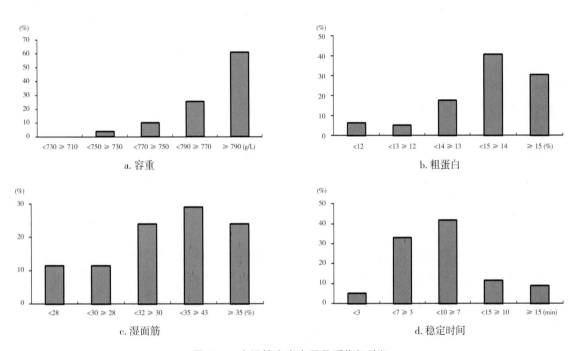

图 3-1　中强筋小麦主要品质指标特征

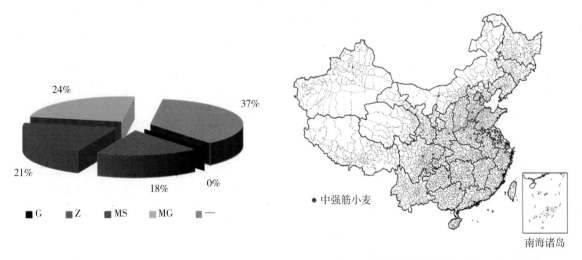

图 3-2　达标小麦样品比例　　　　图 3-3　中强筋小麦抽样县（区、市、旗）

3.2 样本质量

2018 年中强筋小麦样品品质分析统计，如下表所示。

表　样品品质分析统计

样品编号	180241	N180342	N180341	N180340	N180368	2018CC017	180009	180011
品种名称	矮大穗	安科1302	安科1303	安科157	安科157	巴丰5号	百农4199	百农AK58
达标类型	MG	—	—	Z3/MS	—	—	Z3	MG
样品信息								
样品来源	安徽颍上	安徽濉溪	安徽濉溪	安徽濉溪	安徽蒙城	内蒙古巴彦淖尔	河南孟县	河南孟县
大户姓名	杨贺旺	刘书侠	刘书侠	鲁家会	孙雨晴	马光	张胜利	张胜利
籽粒								
粒色	白	白	白	白	白	白	白	白
硬度指数	65	68	67	71	69	57	64	64
容重(g/L)	792	787	781	807	782	788	806	821
水分(%)	11.1	11.3	11.3	11.4	11.2	11.6	10.1	9.6
粗蛋白(%,干基)	14.4	15.4	15.5	14.1	14.8	14.5	14.6	14.7
降落数值(s)	367	277	216	548	297	267	365	377
面粉								
出粉率(%)	66.2	71.9	70.8	72.6	73.1	57.7	69.8	66.5
沉淀指数(ml)	29.0	48.0	48.0	32.5	40.0		39.5	30.5
灰分(%,干基)	0.54	0.71	0.77	0.62	0.88	0.54	0.51	0.54
湿面筋(%,14%湿基)	31.2	40.7	39.3	33.4	37.6	30.5	30.4	33.6
面筋指数	82	75	81	85	84		93	66
面团								
吸水量(ml/100g)	60.7	66.3	66.1	64.6	64.7	59.0	56.7	59.9
形成时间(min)	6.0	5.6	4.1	6.4	5.1	6.2	5.0	4.0
稳定时间(min)	8.6	7.7	6.7	11.0	6.4	6.6	9.0	5.3
拉伸面积135(min)(cm²)	76	125		124		68	104	
延伸性(mm)	153	185		169		180	146	
最大阻力(E.U)	365	529		553		165	526	
烘焙评价								
面包体积(ml)				705		745	790	
面包评分				64		74	76	
蒸煮评价								
面条评分	75	81	75	86		76	73	77

（续表）

样品编号	180198	2018XM023	2018XM024	180192	180064	N180354	180193	180019
品种名称	保麦6号	川麦104	川麦104	国红6号	邯麦14	华成3366	华麦8号	怀川916
达标类型	MG	—	—	MG	—	MG	MS	—
样品信息								
样品来源	江苏铜山	四川西充	四川崇州	江苏大丰	河北大名	安徽灵璧	江苏射阳	河南孟州
大户姓名	中种集团	张建平	黄淑霞	国丰种业	陈延峰	—	新洋农场	台战军
籽粒								
粒色	白	白	白	白	白	白	红	白
硬度指数	64	48	65	51	65	65	62	67
容重(g/L)	818	738	782	805	756	790	795	810
水分(%)	11.2	10.6	9.8	11.9	9.7	11.3	11.0	10.4
粗蛋白(%,干基)	13.1	13.4	12.3	14.2	16.4	15.9	14.9	15.0
降落数值(s)	410	300	313	378	491	462	370	245
面粉								
出粉率(%)	71.3	68.3	70.4	66.7	65.4	72.6	68.5	70.5
沉淀指数(ml)	32.5			37.0	33.5	37.0	39.5	40.0
灰分(%,干基)	0.57	0.62	0.41	0.51	0.46	0.61	0.46	0.54
湿面筋(%,14%湿基)	32.1	25.4	23.3	28.8	35.1	35.0	34.2	32.2
面筋指数	80			89	92	68	75	86
面团								
吸水量(ml/100g)	58.7	53.0	62.7	54.8	58.3	58.9	61.6	62.3
形成时间(min)	4.3	1.0	7.5	1.8	7.7	4.6	4.2	4.2
稳定时间(min)	6.7	1.8	9.9	9.8	18.4	6.9	6.7	6.4
拉伸面积135(min)(cm²)			39	99	163			
延伸性(mm)			187	117	169			
最大阻力(E.U)			144	616	715			
烘焙评价								
面包体积(ml)			810	750	850			
面包评分			78	71	88			
蒸煮评价								
面条评分	73		84	77		77	80	83

（续表）

样品编号	180160	180126	180181	180189	180205	180215	180220	180208
品种名称	淮麦28	淮麦29	淮麦29	淮麦35	淮麦40	淮麦40	淮麦40	淮麦40
达标类型	—	MG	MG	Z2	MS	MS	MS	Z3/MS
样品信息								
样品来源	江苏滨海	江苏阜宁	江苏泗洪	江苏射阳	江苏五图河农场	江苏睢宁	江苏贾汪	江苏灌南
大户姓名	如必良	许益林	刘贤宇	新洋农场		—	刘萍英	舒庆
籽粒								
粒色	白	白	白	白	白	白	白	白
硬度指数	47	64	64	62	66	61	66	66
容重(g/L)	749	820	803	830	836	800	824	848
水分(%)	11.1	10.1	11.6	10.4	11.5	10.9	10.9	10.7
粗蛋白(%,干基)	16.9	13.4	14.3	15.4	14.3	14.7	13.3	14.3
降落数值(s)	279	377	401	380	306	403	335	458
面粉								
出粉率(%)	61.3	64.9	68.6	69.7	70.2	71.6	69.2	70.6
沉淀指数(ml)	36.0	27.5	32.0	33.5	24.5	32.0	23.5	26.0
灰分(%,干基)	0.49	0.49	0.55	0.50	0.47	0.53	0.49	0.53
湿面筋(%,14%湿基)	33.8	30.7	31.5	31.3	31.5	35.3	28.4	30.4
面筋指数	72	70	74	94	78	68	79	87
面团								
吸水量(ml/100g)	56.0	57.7	55.5	59.3	61.2	59.7	62.0	60.7
形成时间(min)	6.3	3.8	6.5	8.7	6.3	3.9	6.0	9.2
稳定时间(min)	15.4	4.7	10.6	19.3	6.8	7.5	7.0	11.0
拉伸面积135(min)(cm²)	69		79	105		43	70	91
延伸性(mm)	129		99	140		158	115	122
最大阻力(E.U)	390		601	576		180	452	577
烘焙评价								
面包体积(ml)	790		775	840		775	775	775
面包评分	76		73	88		67	67	67
蒸煮评价								
面条评分			78		81	81	81	81

（续表）

样品编号	180014	N180349	N180380	N180332	180204	180135	180171	180217
品种名称	淮麦40	淮麦40	淮麦44	济科33	江麦23	江麦816	江麦816	宁麦26
达标类型	—	—	MG	—	MG	MS	MS	MG
样品信息								
样品来源	河南西平	安徽霍邱	安徽	安徽蒙城	江苏泗洪	江苏宿城	江苏沭阳	江苏江都
大户姓名	李坤亮	李德忠	—	史艳	赵一行	单保红	北丁朱桥王土地	金运
籽粒								
粒色	白	白	白	白	白	白	白	红
硬度指数	67	70	65	66	62	61	62	63
容重(g/L)	797	839	775	812	825	796	792	842
水分(%)	9.8	11.1	11.2	11.3	11.5	11.2	11.6	11.2
粗蛋白(%,干基)	14.4	11.9	15.0	14.1	14.3	15.5	14.1	13.7
降落数值(s)	192	490	413	253	437	401	374	475
面粉								
出粉率(%)	69.4	70.8	71.1	71.3	67.8	68.8	60.4	69.6
沉淀指数(ml)	29.5	25.0	33.0	40.0	29.0	31.5	31.0	44.0
灰分(%,干基)	0.55	0.66	0.69	0.53	0.55	0.49	0.47	0.44
湿面筋(%,14%湿基)	30.0	28.5	36.3	36.2	29.9	36.0	30.6	29.4
面筋指数	88	77	70	81	78	70	93	93
面团								
吸水量(ml/100g)	56.6	59.1	64.7	64.6	57.2	57.2	57.2	61.6
形成时间(min)	6.3	6.7	6.3	4.7	7.2	5.9	4.8	3.2
稳定时间(min)	8.9	10.9	8.2	6.4	13.8	9.3	6.4	8.4
拉伸面积135(min)(cm²)	80	69	78		62	79		92
延伸性(mm)	119	108	154		108	141		182
最大阻力(E.U)	527	503	381		405	420		390
烘焙评价								
面包体积(ml)	775	430			750			820
面包评分	67	21			60			81
蒸煮评价								
面条评分	81	80	78	79	78	80	80	

（续表）

样品编号	N180374	N180326	N180383	180237	2018XM002	180025	N180352	180203
品种名称	瑞华麦518	瑞麦618	山农17	陕垦10	生选6号	石新733	涡麦9号	涡麦9号
达标类型	—	MS	—	MG	—	MS	MG	MS
样品信息								
样品来源	安徽濉溪	安徽	安徽灵璧	陕西临渭	湖北	河北宁晋	安徽蒙城	江苏淮安
大户姓名	赵德民	—	李成林	潘新良	—	靳均海	史文侠	滕海林
籽粒								
粒色	白	白	白	白	红	白	白	白
硬度指数	57	66	70	63	56	65	66	61
容重(g/L)	805	807	791	821	786	786	811	801
水分(%)	11.3	10.8	11.3	10.6	9.2	10.0	11.4	10.9
粗蛋白(%,干基)	15.8	14.7	12.9	14.0	13.1	13.2	14.4	14.7
降落数值(s)	288	458	279	318	288	387	338	466
面粉								
出粉率(%)	65.6	69.9	70.9	67.6	63.6	65.5	71.3	70.8
沉淀指数(ml)	34.0	40.0	35.0	33.0		25.0	35.0	29.0
灰分(%,干基)	0.74	0.67	0.60	0.56	0.47	0.53	0.69	0.50
湿面筋(%,14%湿基)	37.4	38.1	31.2	29.0	24.9	30.2	39.7	34.5
面筋指数	64	64	69	90		56	60	61
面团								
吸水量(ml/100g)	60.1	64.7	62.6	57.9	57.8	61.9	63.8	58.7
形成时间(min)	5.4	4.3	3.9	7.5	2.2	3.3	5.9	5.3
稳定时间(min)	7.1	8.6	6.9	9.9	9.3	6.5	6.9	11.4
拉伸面积135(min)(cm²)	72	89		82	123			56
延伸性(mm)	147	171		142	172			112
最大阻力(E.U)	373	397		433	542			364
烘焙评价								
面包体积(ml)				840	850			720
面包评分				79	82			59
蒸煮评价								
面条评分	75	81	73		84	80	79	83

样品编号	2018XM056	180234	180122	180219	180117	180143	180188	180209
品种名称	新冬48	新良6号	徐麦30	徐麦30	徐麦30	徐麦33	徐麦33	徐麦33
达标类型	一	MS	MS	MS	Z3/MS	MG	MG	MG
样品信息								
样品来源	新疆农八师	陕西临渭	江苏邳州	江苏贾汪	江苏丰县	江苏丰县	江苏睢宁	江苏涟水
大户姓名	周振光	潘新良	贾炳华	陈庆春	保丰集团	张成栋	睢宁基地	一
籽粒								
粒色	白	白	白	白	白	白	白	白
硬度指数	58	64	63	65	63	64	62	60
容重(g/L)	817	793	823	842	806	771	786	803
水分(%)	9.1	10.5	10.1	11.0	10.1	11.4	11.0	10.7
粗蛋白(%,干基)	14.7	16.2	13.3	14.8	16.9	12.3	14.5	13.0
降落数值(s)	186	466	395	421	436	371	417	302
面粉								
出粉率(%)	70.1	67.9	66.3	68.5	67.0	66.7	68.8	71.7
沉淀指数(ml)		39.5	27.5	32.5	38.5	24.5	28.5	24.0
灰分(%,干基)	0.61	0.47	0.46	0.46	0.48	0.50	0.54	0.57
湿面筋(%,14%湿基)	30.8	37.5	29.4	31.5	38.8	26.8	31.6	30.3
面筋指数		73	71	79	68	84	63	73
面团								
吸水量(ml/100g)	59.8	67.5	57.6	61.2	61.2	57.1	56.8	56.7
形成时间(min)	7.0	6.0	4.0	6.7	6.5	5.8	6.7	3.2
稳定时间(min)	7.9	6.7	9.8	7.7	13.3	9.4	8.4	5.3
拉伸面积135(min)(cm²)	130		49	72	92	44	50	
延伸性(mm)	183		113	131	144	125	121	
最大阻力(E.U)	535		293	409	488	250	275	
烘焙评价								
面包体积(ml)	790		750	750	750	730	730	
面包评分	75		62	62	62	57	57	
蒸煮评价								
面条评分	84	84	84	84	84	75	75	75

（续表）

样品编号	180200	180190	180195	180199	180210	180166	180123	180128
品种名称	徐农029	扬富麦101	扬富麦101	扬富麦101	扬麦23	扬麦23	扬麦23	扬麦23
达标类型	MS	MG	MS	MS	MS	Z2/MS	Z3/MS	Z3/MS
样品信息								
样品来源	江苏鼓楼	江苏大丰	江苏兴化	江苏姜堰	江苏如皋	江苏盐都	江苏泰兴	江苏东台
大户姓名	徐农种业	顾玉山	张建国	王桂民	宝丰种子	城成种业	徐国兵	惜禾农业
籽粒								
粒色	白	红	红	红	红	红	红	红
硬度指数	62	64	64	63	61	62	58	65
容重(g/L)	828	820	820	808	801	778	796	785
水分(%)	11.1	11.2	11.2	11.2	11.8	11.4	10.6	11.4
粗蛋白(%,干基)	13.8	12.6	14.0	14.3	13.5	16.4	14.5	14.4
降落数值(s)	503	407	460	471	374	410	336	373
面粉								
出粉率(%)	67.4	68.0	66.9	69.7	66.8	64.6	65.5	66.6
沉淀指数(ml)	33.5	37.5	48.0	44.0	35.5	50.0	40.0	41.0
灰分(%,干基)	0.52	0.55	0.53	0.49	0.54	0.52	0.55	0.47
湿面筋(%,14%湿基)	33.7	29.9	34.7	34.6	30.0	38.5	31.8	32.4
面筋指数	78	95	88	88	80	71	83	82
面团								
吸水量(ml/100g)	63.2	62.0	62.5	62.5	58.9	58.7	55.7	59.2
形成时间(min)	4.7	3.9	5.0	4.7	2.4	5.0	3.0	3.8
稳定时间(min)	9.0	6.8	7.9	7.3	6.1	16.7	10.0	8.6
拉伸面积135(min)(cm²)	58		98	98		115	102	93
延伸性(mm)	141		191	191		167	170	161
最大阻力(E.U)	284		369	384		494	462	436
烘焙评价								
面包体积(ml)	740					760	760	760
面包评分	61					67	67	67
蒸煮评价								
面条评分	82	82	82	82	81	81	81	81

（续表）

样品编号	180144	180136	180147	180177	N180348	180206	180196	2018XM008
品种名称	扬麦23	扬麦23	扬麦23	扬麦23	扬麦23	扬麦25	扬麦25	豫农416
达标类型	Z3/MS	—	—	—	—	MG	Z3	—
样品信息								
样品来源	江苏宝应	江苏靖江	江苏大丰	江苏射阳	安徽金安	江苏如皋	江苏泰兴	湖北
大户姓名	李真海	范金泉	大中农技站	蒋卫国	刘敏	中种江苏分公司	中种江苏分公司	—
籽粒								
粒色	红	红	红	红	红	红	红	白
硬度指数	63	59	63	58	63	46	50	55
容重(g/L)	779	742	786	782	758	812	785	760
水分(%)	11.0	10.9	11.6	11.5	11.5	12.0	11.4	12.2
粗蛋白(%,干基)	13.9	11.3	11.4	11.4	17.1	13.4	13.7	15.3
降落数值(s)	453	361	370	392	400	353	369	294
面粉								
出粉率(%)	67.7	68.1	66.1	68.8	65.9	65.5	64.9	65.3
沉淀指数(ml)	38.0	27.0	31.0	26.5	49.0	35.0	39.0	
灰分(%,干基)	0.49	0.50	0.47	0.47	0.72	0.47	0.47	0.45
湿面筋(%,14%湿基)	32.0	20.8	23.9	25.2	39.2	29.4	33.4	32.2
面筋指数	90	96	94	88	77	96	87	
面团								
吸水量(ml/100g)	57.4	54.3	57.5	54.1	61.3	55.8	57.5	57.0
形成时间(min)	2.8	1.5	2.0	2.0	5.0	2.0	3.7	4.7
稳定时间(min)	9.4	2.4	4.0	5.7	7.6	8.6	9.7	6.7
拉伸面积135(min)(cm²)	112				119	98	97	134
延伸性(mm)	146				186	169	162	226
最大阻力(E.U)	566				478	431	426	440
烘焙评价								
面包体积(ml)	760							810
面包评分	67							80
蒸煮评价								
面条评分	81			81	77	79	79	84

（续表）

样品编号	180155	180142	180159	180178	180167	180179	N180363	N180385
品种名称	镇麦10	镇麦10	镇麦12	镇麦12	镇麦168	镇麦168	镇麦168	镇麦9号
达标类型	MG	—	—	—	Z3/MS	—	—	Z3
样品信息								
样品来源	江苏丹阳	江苏昆山	江苏泰兴	江苏泰兴	江苏大丰	江苏盱眙	安徽	安徽天长
大户姓名	郦双良	农推	侯瑞城	戴裕民	陈国存	大华种业	陆修武	王晓辉
籽粒								
粒色	红	红	红	红	红	红	红	红
硬度指数	65	68	68	69	64	63	68	69
容重(g/L)	782	754	758	781	812	797	761	794
水分(%)	10.9	11.7	10.8	11.3	11.5	11.4	10.7	11.1
粗蛋白(%,干基)	15.4	14.0	16.7	11.9	14.6	16.5	16.4	15.5
降落数值(s)	345	127	301	358	423	279	359	381
面粉								
出粉率(%)	69.6	63.4	64.0	64.9	70.3	68.7	72.1	71.8
沉淀指数(ml)	40.0	35.0	40.0	34.0	39.0	47.0	44.0	47.0
灰分(%,干基)	0.45	0.43	0.49	0.46	0.49	0.48	0.66	0.68
湿面筋(%,14%湿基)	32.8	27.2	33.0	23.2	33.5	37.7	34.5	39.0
面筋指数	86	95	94	96	87	82	91	80
面团								
吸水量(ml/100g)	65.8	61.6	64.3	62.1	62.0	65.0	66.1	65.0
形成时间(min)	4.2	1.8	7.8	2.2	4.5	5.5	3.7	6.5
稳定时间(min)	7.6	2.6	16.3	2.2	8.5	6.4	5.7	9.7
拉伸面积135(min)(cm²)	90		126		111			118
延伸性(mm)	195		181		158			189
最大阻力(E.U)	331		544		543			471
烘焙评价								
面包体积(ml)			820		760			
面包评分			81		73			
蒸煮评价								
面条评分	79				81	81	69	75

（续表）

样品编号	180169	180008	N180330	180083	180295	180018	180247
品种名称	镇麦9号	郑麦369	郑麦379	众信99	周麦23	周麦30	周麦32
达标类型	—	MG	—	MS	Z2/MS	—	Z1
样品信息							
样品来源	江苏如皋	河南孟县	安徽蒙城	河北成安	河南太康	河南孟州	河南鹿邑
大户姓名	宝丰种子	张胜利	孙秀华	赵海臣	张中珍	王中兴	—
籽粒							
粒色	红	白	白	白	白	白	白
硬度指数	66	67	69	65	64	61	67
容重(g/L)	764	821	774	756	780	804	802
水分(%)	11.1	10.1	11.0	10.2	10.0	10.0	10.5
粗蛋白(%,干基)	15.0	14.4	15.2	14.9	15.2	15.5	14.9
降落数值(s)	330	337	254	432	471	283	364
面粉							
出粉率(%)	67.8	69.1	65.3	65.8	64.1	70.7	68.5
沉淀指数(ml)	37.0	32.0	45.0	27.5	44.0	35.0	38.5
灰分(%,干基)	0.50	0.57	0.73	0.53	0.54	0.53	0.49
湿面筋(%,14%湿基)	33.2	33.0	36.2	32.1	34.7	34.3	30.8
面筋指数	88	78	78	79	89	70	96
面团							
吸水量(ml/100g)	65.4	65.1	66.7	56.4	60.2	58.4	62.6
形成时间(min)	5.7	5.4	5.5	6.8	5.7	4.0	5.7
稳定时间(min)	7.1	5.9	8.9	10.6	15.7	4.3	18.2
拉伸面积135(min)(cm²)	83		140	120	135		129
延伸性(mm)	179		181	147	174		163
最大阻力(E.U)	335		589	629	565		600
烘焙评价							
面包体积(ml)				790	780		830
面包评分				64	74		85
蒸煮评价							
面条评分	76	78	73	81	80		

4 中筋小麦

4.1 品质综合指标

中筋小麦中，达到中强筋小麦标准（MS）的样品有 9 份；达到中筋小麦标准（MG）的样品有
96 份；未达标（—）样品有 133 份。中筋小麦主要品质指标特性如图 4-1 所示，达标小麦样品比例
如图 4-2 所示，中筋小麦抽样县（区、市、旗）如图 4-3 所示。

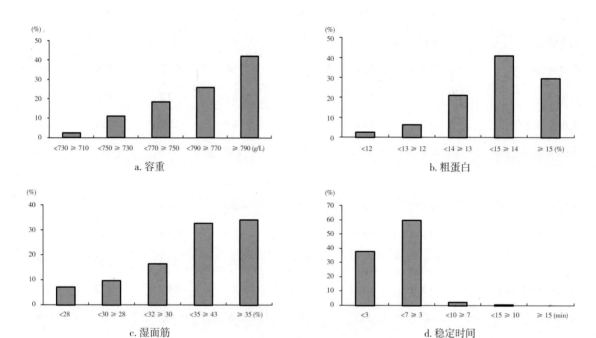

图 4-1　中筋小麦主要品质指标特征

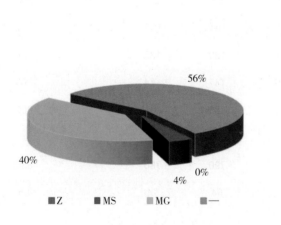

图 4-2　达标小麦样品比例

图 4-3　中筋小麦抽样县（区、市、旗）

4.2 样本质量

2018年中筋小麦样品品质分析统计，如下表所示。

表　样品品质分析统计

样品编号	180285	180287	180286	180082	N180339	180104	2018CC019	2018CC016
品种名称	6002	6002	6005	矮秆518	安1243	安农1589	巴丰6号	巴麦13
达标类型	—	—	MG	—	MG	MG		
样品信息								
样品来源	河北沧县	河北沧县	河北沧县	河北成安	安徽濉溪	河南轵城	内蒙古巴彦淖尔	内蒙古巴彦淖尔
大户姓名	孙世君	王林青	马永顺	李艳萍	鲁家会	苏晓康	马光	吴占飞
籽粒								
粒色	白	白	白	白	白	白	红	白
硬度指数	64	64	69	46	67	64	57	57
容重(g/L)	781	744	789	730	789	796	752	825
水分(%)	10.6	10.7	11.1	9.9	11.0	10.0	12.4	7.5
粗蛋白(%,干基)	13.0	17.0	14.0	15.2	15.3	15.0	14.5	15.6
降落数值(s)	344	353	429	387	429	350	251	260
面粉								
出粉率(%)	68.9	65.0	71.0	63.4	70.6	70.6	58.9	71.9
沉淀指数(ml)	19.0	28.0	24.0	29.0	40.0	30.5		
灰分(%,干基)	0.48	0.48	0.45	0.51	0.68	0.48	0.45	0.57
湿面筋(%,14%湿基)	30.2	46.4	34.4	35.6	41.0	33.9	30.5	31.1
面筋指数	41	49	54	51	66	63		
面团								
吸水量(ml/100g)	58.0	58.5	56.9	58.3	66.0	55.9	59.3	58.1
形成时间(min)	2.4	3.7	3.3	4.0	3.5	3.3	2.5	3.8
稳定时间(min)	1.9	5.7	3.6	3.8	4.7	4.2	2.3	3.2
拉伸面积135(min)(cm²)								
延伸性(mm)								
最大阻力(E.U)								
烘焙评价								
面包体积(ml)								
面包评分								
蒸煮评价								
面条评分		74						

（续表）

样品编号	180013	180176	180333	180225	180056	180283	180230	2018XM025
品种名称	百农207	百农207	百农207	半吨半8号	沧麦119	沧麦119	沧麦119	川农27
达标类型	MG	MG	—	—	MG	MG	—	—
样品信息								
样品来源	河南孟县	江苏丰县	河南滑县	河北景县	河北清苑	河北望都	河北泊头	四川崇州
大户姓名	张胜利	丰县农委	杜焕永	张国华	陈立业	熊泽磊	杨炳松	李群华
籽粒								
粒色	白	白	白	白	白	白	白	白
硬度指数	61	45	55	68	65	66	64	49
容重(g/L)	803	812	768	772	796	807	744	803
水分(%)	9.9	11.3	8.5	12.3	11.1	11.0	10.2	9.2
粗蛋白(%,干基)	14.7	14.1	14.4	14.5	13.0	15.8	15.4	12.8
降落数值(s)	358	361	309	209	395	415	415	231
面粉								
出粉率(%)	69.0	70.3	69.0	69.4	67.6	68.5	66.0	61.4
沉淀指数(ml)	31.0	32.0	28.0	29.0	24.0	29.5	23.0	
灰分(%,干基)	0.46	0.49	0.54	0.56	0.44	0.44	0.56	0.59
湿面筋(%,14%湿基)	34.9	34.7	36.3	35.2	30.0	36.8	36.1	24.4
面筋指数	64	68	69	57	52	61	46	
面团								
吸水量(ml/100g)	56.4	54.6	57.4	64.5	57.6	63.9	66.2	54.1
形成时间(min)	3.3	3.0	3.2	5.5	2.7	4.3	2.5	1.5
稳定时间(min)	3.5	4.7	4.4	5.3	3.2	4.4	0.8	2.9
拉伸面积135(min)(cm²)								
延伸性(mm)								
最大阻力(E.U)								
烘焙评价								
面包体积(ml)								
面包评分								
蒸煮评价								
面条评分				77				

样品编号	N180345	2018CC004	2018CC008	2018XM011	N180327	N180382	180040	2018CC021
品种名称	大地2018	鄂麦170	鄂麦170	鄂麦25	泛麦5号	泛麦5号	泛麦6005	扶麦1228
达标类型	MG	—	—	—	—	—	—	—
样品信息								
样品来源	安徽濉溪	湖北钟祥	湖北枣阳	湖北	安徽怀远	安徽怀远	河北黄骅	湖北襄阳
大户姓名	陈锋	吴省文	刘海民	—	尚跃	尚跃	王春峰	龚大敏
籽粒								
粒色	白	白	白	白	白	白	白	白
硬度指数	65	64	55	68	66	67	65	57
容重(g/L)	810	817	750	745	765	768	756	777
水分(%)	11.1	11.0	10.6	9.9	11.2	11.3	10.6	10.8
粗蛋白(%,干基)	14.4	14.0	11.9	15.1	12.9	13.8	14.6	14.3
降落数值(s)	326	247	281	312	144	158	401	226
面粉								
出粉率(%)	72.2	66.2	65.4	63.3	70.7	68.1	71.1	68.0
沉淀指数(ml)	40.0				37.0	38.0	25.0	
灰分(%,干基)	0.59	0.49	0.40	0.58	0.67	0.61	0.47	0.50
湿面筋(%,14%湿基)	36.2	30.7	25.0	31.8	26.9	31.2	36.2	30.1
面筋指数	70				87	70	41	
面团								
吸水量(ml/100g)	61.7	62.5	56.6	62.9	62.1	61.9	58.2	59.2
形成时间(min)	3.8	3.2	1.0	2.0	2.3	2.6	2.8	2.7
稳定时间(min)	4.9	4.2	1.1	2.4	2.7	3.6	3.5	2.2
拉伸面积135(min)(cm²)								
延伸性(mm)								
最大阻力(E.U)								
烘焙评价								
面包体积(ml)								
面包评分								
蒸煮评价								
面条评分								

（续表）

样品编号	2018XM063	180012	180086	180089	180088	180322	180251	180242
品种名称	高原448	冠麦1号	邯4676	邯7086	邯麦11	邯农1412	禾农130	河农6425
达标类型	—	MG	—	—	—	MG	—	MG
样品信息								
样品来源	甘肃榆中	河南孟县	河北成安	河北成安	河北成安	河北任丘	河北文安	河北丰润区
大户姓名	张全孔	张胜利	马丽涵	马丽涵	李艳萍	张亚军	李双臣	周树云
籽粒								
粒色	白	白	白	白	白	白	白	白
硬度指数	45	64	57	63	56	65	64	62
容重(g/L)	799	812	761	745	751	805	751	807
水分(%)	13.9	10.1	9.1	9.4	9.4	10.6	11.7	10.6
粗蛋白(%,干基)	14.4	14.7	15.3	14.4	15.1	14.9	16.9	16.0
降落数值(s)	256	311	370	369	431	375	301	355
面粉								
出粉率(%)	72.0	71.8	69.4	66.1	66.6	67.3	66.0	67.6
沉淀指数(ml)		36.0	27.5	25.0	27.0	27.0	31.0	35.0
灰分(%,干基)	0.53	0.50	0.53	0.49	0.55	0.58	0.46	0.46
湿面筋(%,14%湿基)	30.2	34.4	36.9	33.1	34.9	36.2	39.5	37.8
面筋指数		66	48	55	70	52	54	59
面团								
吸水量(ml/100g)	52.3	57.7	57.1	61.9	57.1	64.7	60.9	62.0
形成时间(min)	2.5	3.5	3.0	3.7	3.9	2.9	3.5	3.5
稳定时间(min)	3.1	3.9	4.4	4.1	4.5	2.7	5.5	4.0
拉伸面积135(min)(cm²)								
延伸性(mm)								
最大阻力(E.U)								
烘焙评价								
面包体积(ml)								
面包评分								
蒸煮评价								
面条评分								74

样品编号	180316	180265	180254	180323	180294	180304	180274	180306
品种名称	河农7069	河农7106	河农826	黑麦	衡4399	衡4399	衡4399	衡5835
达标类型	MG	MG	MG	—	MG	MG	—	—
样品信息								
样品来源	河北临西	河北肃宁	河北柏乡	河北任丘	河北河间	河北东光	河北吴桥	河北南和
大户姓名	李鹤	李建份	赵东杰	张亚军	沈春波	吴客庆	蔡大学	李献辉
籽粒								
粒色	白	白	白	紫	白	白	白	白
硬度指数	64	65	65	64	67	67	66	66
容重(g/L)	794	789	811	736	816	780	811	739
水分(%)	11.5	10.7	10.8	10.1	10.0	11.3	10.5	11.4
粗蛋白(%,干基)	14.9	16.4	16.3	17.2	15.3	14.0	13.9	14.4
降落数值(s)	519	375	380	376	509	397	462	423
面粉								
出粉率(%)	69.5	68.5	68.9	65.2	68.2	66.9	70.4	63.6
沉淀指数(ml)	27.0	30.0	28.0	40.0	27.0	24.0	22.0	29.0
灰分(%,干基)	0.55	0.47	0.48	0.55	0.58	0.50	0.54	0.46
湿面筋(%,14%湿基)	35.6	42.1	40.0	41.5	37.1	34.0	34.0	32.3
面筋指数	50	45	44	68	53	64	49	62
面团								
吸水量(ml/100g)	59.7	63.2	63.0	61.4	61.9	60.9	62.1	60.0
形成时间(min)	3.2	2.8	2.5	5.0	2.7	2.4	3.7	2.5
稳定时间(min)	3.6	5.4	4.3	5.9	2.8	2.6	2.1	3.6
拉伸面积135(min)(cm²)								
延伸性(mm)								
最大阻力(E.U)								
烘焙评价								
面包体积(ml)								
面包评分								
蒸煮评价								
面条评分		73		74				

（续表）

样品编号	180036	180276	180076	180315	180331	180191	2018CC005	180202
品种名称	衡S-29	衡观35	衡观35	衡观35	衡观35	华麦1028	华麦2152	淮麦20
达标类型	MG	MG	—	—	—	MG	—	MG
样品信息								
样品来源	河北桃城	河北深州	河北曲周	河北枣强	河北枣强	江苏淮安	湖北钟祥	江苏涟水
大户姓名	李金生	田金锋	黄静	贺占明	王红图	大华种业	李福	—
籽粒								
粒色	白	白	白	白	白	红	白	白
硬度指数	62	66	62	64	65	50	62	63
容重(g/L)	770	780	767	766	785	811	841	818
水分(%)	10.3	11.6	9.0	10.2	11.4	11.6	11.9	10.9
粗蛋白(%,干基)	14.6	14.9	15.8	14.4	14.4	15.4	14.4	13.6
降落数值(s)	322	414	345	412	406	327	292	361
面粉								
出粉率(%)	71.7	67.8	66.9	66.7	67.8	68.0	69.2	69.8
沉淀指数(ml)	24.0	25.5	30.0	27.5	24.0	41.5		29.0
灰分(%,干基)	0.45	0.53	0.50	0.58	0.55	0.51	0.42	0.52
湿面筋(%,14%湿基)	33.2	33.9	38.8	35.7	35.9	35.1	30.6	31.4
面筋指数	34	60	64	67	61	78		74
面团								
吸水量(ml/100g)	58.2	61.6	61.6	62.8	63.6	58.5	62.3	58.6
形成时间(min)	3.5	3.8	2.7	4.7	3.7	3.8	4.0	4.0
稳定时间(min)	3.0	3.7	4.7	3.7	2.3	4.7	4.5	3.9
拉伸面积135(min)(cm²)								
延伸性(mm)								
最大阻力(E.U)								
烘焙评价								
面包体积(ml)								
面包评分								
蒸煮评价								
面条评分								

（续表）

样品编号	N180372	180129	180118	180119	180120	180157	180170	180175
品种名称	淮麦22	淮麦26	淮麦33	淮麦33	淮麦33	淮麦33	淮麦33	淮麦33
达标类型	—	—	MG	MG	MG	MG	MG	MG
样品信息								
样品来源	安徽阜南	江苏阜宁	江苏泗阳	江苏沭阳	江苏睢宁	江苏涟水	江苏宿城	江苏新沂
大户姓名	赵新喜	李土奎	方飞	陈如广	睢宁基地	陈明忠	李登志	王义胜
籽粒								
粒色	白	白	白	白	白	白	白	白
硬度指数	59	66	64	63	63	65	49	63
容重(g/L)	740	813	818	799	786	796	798	778
水分(%)	11.6	10.9	10.8	10.5	10.0	10.8	11.6	11.3
粗蛋白(%,干基)	13.2	11.6	13.9	15.1	13.8	12.8	13.4	16.4
降落数值(s)	68	350	404	401	440	428	404	432
面粉								
出粉率(%)	65.1	65.5	68.5	67.2	66.0	67.8	66.8	66.6
沉淀指数(ml)	41.0	23.0	29.5	31.0	28.0	30.5	26.0	28.5
灰分(%,干基)	0.77	0.52	0.48	0.54	0.49	0.53	0.45	0.51
湿面筋(%,14%湿基)	26.7	25.8	34.3	37.8	32.4	29.6	30.6	40.5
面筋指数	93	81	56	53	66	80	65	45
面团								
吸水量(ml/100g)	60.6	57.6	61.4	62.5	56.9	60.2	55.3	61.1
形成时间(min)	1.6	4.2	3.2	5.2	3.3	3.7	3.0	4.2
稳定时间(min)	1.4	4.9	4.8	7.7	5.3	4.7	3.3	4.9
拉伸面积135(min)(cm²)				48				
延伸性(mm)				161				
最大阻力(E.U)				208				
烘焙评价								
面包体积(ml)								
面包评分								
蒸煮评价								
面条评分				76	76			

（续表）

样品编号	180182	180149	180180	N180344	N180353	N180371	180038	N180388
品种名称	淮麦33	淮麦33	淮麦33	淮麦33	淮麦33	淮麦33	淮麦46	淮麦46
达标类型	MG	—	—	—	—	—	MG	MG
样品信息								
样品来源	江苏泗洪	江苏盱眙	江苏淮阴区淮阴作栽站	安徽固镇	安徽怀远	安徽阜南	江苏射阳	安徽濉溪
大户姓名	双丰种业	林杰		王雨	盛华全	黄林	陈兵	朱跃
籽粒								
粒色	白	白	白	白	白	白	白	白
硬度指数	64	68	62	67	67	58	61	68
容重(g/L)	810	805	761	797	795	739	775	803
水分(%)	11.4	10.8	11.1	11.4	11.6	11.3	10.8	11.3
粗蛋白(%,干基)	14.1	10.9	14.0	16.2	15.2	13.2	14.9	15.8
降落数值(s)	440	165	354	271	274	81	411	417
面粉								
出粉率(%)	68.9	66.9	67.2	69.2	68.2	65.7	63.9	71.4
沉淀指数(ml)	31.0	23.0	26.5	37.0	33.0	39.0	40.5	38.0
灰分(%,干基)	0.46	0.49	0.44	0.66	0.80	0.78	0.57	0.76
湿面筋(%,14%湿基)	33.9	24.2	32.5	41.1	38.2	26.3	35.5	38.8
面筋指数	56	83	49	51	52	96	82	57
面团								
吸水量(ml/100g)	60.4	58.2	57.0	63.8	63.1	61.0	59.4	66.2
形成时间(min)	3.0	2.0	3.0	4.5	3.7	1.5	5.5	3.2
稳定时间(min)	4.4	3.4	2.5	4.2	3.7	1.8	8.7	3.5
拉伸面积135(min)(cm²)							79	
延伸性(mm)							168	
最大阻力(E.U)							334	
烘焙评价								
面包体积(ml)							765	
面包评分							63	
蒸煮评价								
面条评分							73	

样品编号	N180386	N180394	180022	180062	180148	180244	180320	180325
品种名称	淮麦46	淮麦46	济麦22	济麦22	济麦22	济麦22	济麦22	济麦22
达标类型	—	—	MG	MG	MG	MG	MG	MG
样品信息								
样品来源	安徽颍上	安徽颍上	河北宁晋	河北隆尧	江苏邳州	山东齐河	山东滕州	河北任丘
大户姓名	—	—	张春果	潘占东	贾炳华	王秀华	顾士生	张亚军
籽粒								
粒色	白	白	白	白	白	白	白	白
硬度指数	70	69	64	66	66	68	64	63
容重(g/L)	748	755	781	801	813	774	807	803
水分(%)	11.7	11.2	10.7	9.8	10.9	11.0	10.5	10.0
粗蛋白(%,干基)	16.1	12.3	13.0	12.5	12.0	13.6	14.6	14.9
降落数值(s)	146	161	359	365	360	470	443	429
面粉								
出粉率(%)	65.9	65.8	67.6	67.7	67.7	65.7	69.9	68.9
沉淀指数(ml)	33.0	42.0	22.0	22.0	22.5	27.0	24.0	32.0
灰分(%,干基)	0.76	0.81	0.44	0.49	0.56	0.50	0.49	0.59
湿面筋(%,14%湿基)	31.0	27.6	29.7	30.6	28.4	34.6	35.5	37.2
面筋指数	56	82	53	64	69	44	42	60
面团								
吸水量(ml/100g)	64.3	64.3	58.2	58.5	61.1	61.3	62.0	63.0
形成时间(min)	1.7	1.9	2.7	3.0	3.0	2.8	2.7	3.3
稳定时间(min)	1.8	1.9	2.5	3.4	3.2	3.2	2.5	3.0
拉伸面积135(min)(cm²)								
延伸性(mm)								
最大阻力(E.U)								
烘焙评价								
面包体积(ml)								
面包评分								
蒸煮评价								
面条评分								

（续表）

样品编号	180046	180007	180030	180112	180260	180279	180290	180300
品种名称	济麦22	济麦22	济麦22	济麦22	济麦22	济麦22	济麦22	济麦22
达标类型	MS	—	—	—	—	—	—	—
样品信息								
样品来源	河北清河	河北宁晋	河北南和	江苏新沂	河北隆尧	河北深州	河北河间	河北清河
大户姓名	潘庆爽	李聚谦	郑聚明	王义胜	刘军锋	田金锋	韩建军	赵书雨
籽粒								
粒色	白	白	白	白	白	白	白	白
硬度指数	50	66	63	65	65	62	66	70
容重(g/L)	797	783	768	803	756	742	748	775
水分(%)	11.0	10.0	10.0	10.4	11.7	11.2	10.7	10.3
粗蛋白(%,干基)	14.4	13.9	14.0	14.0	14.6	14.6	14.7	13.8
降落数值(s)	349	310	380	268	417	413	315	462
面粉								
出粉率(%)	64.8	68.4	69.9	67.2	67.8	65.8	63.5	67.6
沉淀指数(ml)	32.0	22.0	25.0	26.0	23.5	30.0	21.0	34.0
灰分(%,干基)	0.49	0.53	0.51	0.50	0.47	0.58	0.54	0.49
湿面筋(%,14%湿基)	33.0	31.9	33.6	33.9	34.2	42.4	34.5	32.9
面筋指数	87	49	42	45	46	60	49	96
面团								
吸水量(ml/100g)	55.1	55.0	59.0	65.4	57.7	59.5	61.6	66.6
形成时间(min)	4.7	2.2	2.7	2.8	2.5	3.2	2.8	6.0
稳定时间(min)	5.7	1.5	2.8	2.0	2.9	2.6	1.5	10.6
拉伸面积135(min)(cm²)								98
延伸性(mm)								144
最大阻力(E.U)								509
烘焙评价								
面包体积(ml)								
面包评分								
蒸煮评价								
面条评分	84							84

（续表）

样品编号	180307	180253	180319	180262	180071	180063	180255	180039
品种名称	济麦22	冀麦22	冀麦22	冀麦32	冀麦325	冀麦518	冀麦518	捷麦19
达标类型	—	MG	MG	—	—	—	—	—
样品信息								
样品来源	河北南和	河北文安	河北隆尧	河北盐山	河北任县	河北大名	山东齐河	河北黄骅
大户姓名	李献辉	杨伟强	武军祥	邢俊珍	段志晗	宋月众	吕爱华	王春峰
籽粒								
粒色	白	白	白	白	白	白	白	白
硬度指数	65	65	66	63	64	59	70	63
容重(g/L)	764	787	774	775	782	795	746	743
水分(%)	11.7	12.1	10.1	12.1	10.5	10.1	11.7	9.9
粗蛋白(%,干基)	14.3	15.0	14.7	14.2	15.0	14.7	14.1	14.6
降落数值(s)	389	382	385	333	332	352	377	154
面粉								
出粉率(%)	66.6	68.7	64.2	68.2	68.7	73.0	66.6	70.7
沉淀指数(ml)	25.0	29.0	30.0	22.0	21.5	20.0	25.0	32.0
灰分(%,干基)	0.55	0.55	0.59	0.54	0.54	0.49	0.54	0.57
湿面筋(%,14%湿基)	33.6	35.6	33.6	34.2	33.9	35.0	33.7	36.4
面筋指数	44	55	56	42	39	22	44	61
面团								
吸水量(ml/100g)	59.5	61.7	64.9	57.2	56.9	57.8	57.7	60.2
形成时间(min)	2.5	3.2	3.2	2.5	2.5	2.2	2.9	2.9
稳定时间(min)	2.7	3.6	3.0	2.3	2.0	1.0	3.5	3.3
拉伸面积135(min)(cm²)								
延伸性(mm)								
最大阻力(E.U)								
烘焙评价								
面包体积(ml)								
面包评分								
蒸煮评价								
面条评分								

（续表）

样品编号	180240	180292	180266	180282	180291	180314	2018XM058	2018XM057
品种名称	津农7号	津强筋霸	晋麦100	京花11	京麦9号	京麦9号	兰天19	兰天26
达标类型	MG	MG	MG	MG	MG	MG	—	—
样品信息								
样品来源	河北丰润区	河北河间	河北东光	河北望都	河北河间	河北南皮	甘肃清水	甘肃清水
大户姓名	周树云	冯金明	刘杰	熊泽磊	冯金明	曹春亭	李玉生	邹桂祥
籽粒								
粒色	白	白	白	白	白	白	白	白
硬度指数	65	67	64	67	64	64	53	52
容重(g/L)	788	775	788	814	820	781	719	744
水分(%)	10.8	10.4	11.6	11.0	10.2	11.6	10.5	8.9
粗蛋白(%,干基)	14.4	16.2	13.7	15.3	15.8	14.1	8.6	13.8
降落数值(s)	375	405	349	400	414	407	249	178
面粉								
出粉率(%)	66.5	64.9	70.0	67.5	70.1	67.8	64.5	64.8
沉淀指数(ml)	31.5	24.5	29.0	29.0	27.0	24.0		
灰分(%,干基)	0.51	0.56	0.49	0.45	0.56	0.49	0.54	0.41
湿面筋(%,14%湿基)	33.9	34.4	29.6	35.0	37.5	34.8	14.2	29.0
面筋指数	62	52	78	58	48	42		
面团								
吸水量(ml/100g)	60.6	61.0	56.7	63.7	61.9	61.0	56.3	55.7
形成时间(min)	4.0	3.2	3.2	3.2	3.2	3.0	1.0	1.7
稳定时间(min)	4.5	3.1	4.5	2.9	3.4	3.7	0.5	1.3
拉伸面积135(min)(cm²)								
延伸性(mm)								
最大阻力(E.U)								
烘焙评价								
面包体积(ml)								
面包评分								
蒸煮评价								
面条评分								

（续表）

样品编号	2018XM059	N180324	180131	180326	180037	180278	180293	180050
品种名称	兰天31	乐麦207	连麦8号	良星66	良星77	良星99	良星99	临旱6号
达标类型	—	—	MG	—	—	MG	MG	—
样品信息								
样品来源	甘肃清水	安徽固镇	江苏滨海	河北永年	河北桃城	河北深州	河北河间	山西阳城
大户姓名	刘应海	刘献忠	—	郝科向	李金生	王纪峰	沈春波	冯赵兵
籽粒								
粒色	白	白	白	白	白	白	白	白
硬度指数	47	58	62	67	62	66	66	62
容重(g/L)	679	788	817	766	728	781	814	714
水分(%)	8.9	11.6	11.6	11.0	9.5	11.5	10.0	9.5
粗蛋白(%,干基)	12.1	14.1	14.4	14.0	13.8	14.8	15.4	13.9
降落数值(s)	248	208	402	405	437	400	478	386
面粉								
出粉率(%)	69.1	65.0	67.9	64.4	69.1	66.7	69.0	66.0
沉淀指数(ml)		39.0	26.0	22.5	27.5	26.5	27.5	26.0
灰分(%,干基)	0.46	0.65	0.52	0.53	0.47	0.56	0.53	0.50
湿面筋(%,14%湿基)	21.8	35.4	33.2	32.9	33.3	34.0	36.7	31.8
面筋指数		62	57	67	45	61	49	56
面团								
吸水量(ml/100g)	52.9	58.7	61.1	60.7	59.5	60.0	61.9	56.2
形成时间(min)	1.0	3.0	2.9	2.7	3.2	3.2	2.7	2.7
稳定时间(min)	1.4	3.5	4.5	3.0	4.0	3.3	2.5	2.7
拉伸面积135(min)(cm²)								
延伸性(mm)								
最大阻力(E.U)								
烘焙评价								
面包体积(ml)								
面包评分								
蒸煮评价								
面条评分								

（续表）

样品编号	2018XM064	N180347	180327	N180391	180334	180026	180268	180311
品种名称	临麦4号	柳麦618	龙麦1号	隆平麦6号	鲁农116	鲁农502	鲁原502	鲁原502
达标类型	—	MG	MG	—	—	—	MG	MG
样品信息								
样品来源	甘肃榆中	安徽濉溪	河北永年	安徽凤台	河南滑县	河北清河	河北涿州	河北临漳
大户姓名	陈香芳	刘超	郝科向	郑明军	杜焕永	刘同军	张秀明	褚江海
籽粒								
粒色	白	白	白	白	白	白	白	白
硬度指数	49	64	63	67	60	66	65	68
容重(g/L)	780	809	771	789	764	730	823	773
水分(%)	10.6	11.0	10.8	11.0	10.8	10.8	11.0	11.1
粗蛋白(%,干基)	14.2	15.7	15.1	15.4	13.8	13.6	15.9	13.5
降落数值(s)	240	312	341	287	380	394	439	405
面粉								
出粉率(%)	71.3	69.3	68.9	71.5	67.3	69.9	67.2	66.5
沉淀指数(ml)		38.0	26.0	40.0	19.0	27.0	28.0	23.5
灰分(%,干基)	0.48	0.67	0.55	0.56	0.52	0.46	0.46	0.48
湿面筋(%,14%湿基)	29.9	41.6	34.3	37.3	32.8	29.6	37.8	29.9
面筋指数		58	74	78	45	77	49	78
面团								
吸水量(ml/100g)	53.9	63.8	61.3	63.8	60.3	58.4	63.8	60.1
形成时间(min)	2.2	4.0	4.8	5.0	2.2	3.2	3.3	4.0
稳定时间(min)	1.6	4.0	4.1	5.6	2.3	4.2	2.9	4.3
拉伸面积135(min)(cm²)								
延伸性(mm)								
最大阻力(E.U)								
烘焙评价								
面包体积(ml)								
面包评分								
蒸煮评价								
面条评分				76				

（续表）

样品编号	180090	180102	180313	180045	180233	180259	180059	180289
品种名称	鲁原502	鲁原502	鲁原502	鲁原502	鲁原502	鲁原502	轮选103	轮选103
达标类型	MS	MS	MS	—	—	—	—	—
样品信息								
样品来源	河北成安	河北南和	河北南皮	河北清河	河北献县	河北隆尧	河北赵县	河北河间
大户姓名	马丽涵	宁永强	曹春亭	潘庆爽	赵俊太	刘军锋	李素敏	韩建军
籽粒								
粒色	白	白	白	白	白	白	白	白
硬度指数	66	65	66	67	67	70	64	65
容重(g/L)	744	753	769	759	733	762	762	766
水分(%)	10.3	9.9	11.0	9.9	11.2	11.6	10.0	10.5
粗蛋白(%,干基)	14.5	13.7	14.2	14.6	15.1	14.2	13.4	15.8
降落数值(s)	443	383	428	412	345	407	379	423
面粉								
出粉率(%)	66.8	66.1	68.1	67.9	63.9	67.7	67.8	66.3
沉淀指数(ml)	25.0	25.0	26.5	28.0	29.0	25.5	21.0	30.0
灰分(%,干基)	0.50	0.59	0.55	0.57	0.44	0.50	0.52	0.45
湿面筋(%,14%湿基)	32.0	29.1	33.2	34.0	34.5	33.5	31.7	36.4
面筋指数	71	54	58	54	63	50	38	48
面团								
吸水量(ml/100g)	59.4	57.6	63.7	58.4	69.0	59.1	55.0	59.8
形成时间(min)	4.2	3.3	4.7	3.8	4.7	3.7	2.0	3.0
稳定时间(min)	6.2	5.4	5.9	4.6	3.8	3.3	1.5	2.8
拉伸面积135(min)(cm²)								
延伸性(mm)								
最大阻力(E.U)								
烘焙评价								
面包体积(ml)								
面包评分								
蒸煮评价								
面条评分	83	83	83					

（续表）

样品编号	180309	180324	180329	180284	180048	2018XM062	2018XM065	N180364
品种名称	轮选103	轮选103	轮选103	轮选169	洛旱6号	宁春16	宁春16	宁麦18
达标类型	—	—	—	MG	—	—	—	—
样品信息								
样品来源	河北玉田	河北任丘	河北阜城	河北望都	山西阳城	甘肃榆中	甘肃靖远	安徽霍邱
大户姓名	冯立田	张亚军	罗香平	熊泽磊	冯赵兵	杨学忠	王定成	张明
籽粒								
粒色	白	白	白	白	白	红	红	红
硬度指数	65	63	62	65	62	52	58	52
容重(g/L)	793	786	749	826	747	718	817	784
水分(%)	11.1	10.1	9.5	11.2	9.4	10.3	9.9	11.4
粗蛋白(%,干基)	14.3	12.2	14.5	14.7	15.0	17.3	14.7	16.4
降落数值(s)	252	339	306	459	292	289	220	146
面粉								
出粉率(%)	66.9	68.9	68.4	70.9	66.9	73.3	72.0	67.5
沉淀指数(ml)	23.5	21.0	21.0	32.5	29.0			35.0
灰分(%,干基)	0.47	0.55	0.45	0.47	0.46	0.52	0.46	0.58
湿面筋(%,14%湿基)	32.5	35.6	34.2	36.2	39.9	38.0	30.8	37.3
面筋指数	52	43	55	59	38			53
面团								
吸水量(ml/100g)	58.3	62.1	60.0	63.0	59.1	55.7	59.6	58.2
形成时间(min)	2.5	2.5	2.9	4.2	2.2	2.8	3.3	1.7
稳定时间(min)	1.7	1.2	1.7	4.1	1.7	2.2	3.5	2.8
拉伸面积135(min)(cm²)								
延伸性(mm)								
最大阻力(E.U)								
烘焙评价								
面包体积(ml)								
面包评分								
蒸煮评价								
面条评分								

（续表）

样品编号	N180366	180238	180021	180029	180252	180312	180207	180236
品种名称	宁麦24	农大3432	农大399	农大399	农大399	农大399	农麦126	秦麦37
达标类型	—	MS	—	—	—	—	MG	—
样品信息								
样品来源	安徽寿县	河北文安	河北宁晋	河北南和	河北盐山	河北临漳	江苏盐都	陕西临渭
大户姓名	陈祥胜	李双臣	张春果	郑聚明	邢俊珍	论宏光	神农大丰种业	潘新良
籽粒								
粒色	红	白	白	白	白	白	红	白
硬度指数	64	62	61	61	65	58	46	65
容重(g/L)	747	780	762	769	752	719	793	808
水分(%)	12.0	10.6	10.1	9.8	11.6	10.8	11.5	9.8
粗蛋白(%,干基)	12.7	17.0	15.2	14.7	14.1	14.9	16.9	14.6
降落数值(s)	225	326	301	281	463	250	308	285
面粉								
出粉率(%)	72.2	67.4	71.0	69.9	73.0	69.6	66.6	67.2
沉淀指数(ml)	35.0	25.5	27.0	24.5	20.0	26.5	41.5	30.5
灰分(%,干基)	0.72	0.53	0.46	0.47	0.55	0.45	0.50	0.53
湿面筋(%,14%湿基)	26.8	32.5	37.6	35.4	32.6	37.3	41.1	34.0
面筋指数	94	67	55	50	42	45	69	66
面团								
吸水量(ml/100g)	62.0	61.7	56.6	55.8	59.4	57.7	61.5	63.1
形成时间(min)	2.6	5.8	4.2	3.2	2.5	2.7	2.5	4.2
稳定时间(min)	3.1	5.8	3.5	3.3	1.9	3.2	2.9	3.8
拉伸面积135(min)(cm²)								
延伸性(mm)								
最大阻力(E.U)								
烘焙评价								
面包体积(ml)								
面包评分								
蒸煮评价								
面条评分		82						

（续表）

样品编号	180235	N180355	N180358	N180351	N180361	180342	180349	180338
品种名称	秦麦418	荃麦725	荃麦725	荃麦725	荃麦725	山农20	山农20	山农20
达标类型	MS	MG	MG	—	—	MG	MG	—
样品信息								
样品来源	陕西临渭	安徽灵璧	安徽萧县	安徽太和	安徽怀远	山东宁阳	山东滨城区	山东肥城
大户姓名	潘新良	谢荣利	—	张效祖	闵锦海	张传伟	李恒钊	汪西军
籽粒								
粒色	白	白	白	白	白	白	白	白
硬度指数	61	46	43	47	46	65	66	61
容重(g/L)	833	811	794	788	795	827	805	762
水分(%)	10.3	11.7	11.3	11.6	11.3	10.0	10.3	11.2
粗蛋白(%,干基)	15.1	13.5	16.8	16.0	14.6	14.3	14.0	13.7
降落数值(s)	397	393	372	264	189	476	471	416
面粉								
出粉率(%)	70.8	65.2	67.7	65.0	69.4	68.9	69.4	72.0
沉淀指数(ml)	37.5	30.0	38.0	34.0	36.0	23.0	24.0	25.0
灰分(%,干基)	0.53	0.56	0.61	0.74	0.56	0.50	0.51	0.50
湿面筋(%,14%湿基)	39.4	35.8	42.6	39.4	39.7	35.1	30.7	31.7
面筋指数	76	43	48	46	56	47	76	76
面团								
吸水量(ml/100g)	64.9	54.6	57.2	56.1	57.1	65.5	65.2	60.9
形成时间(min)	4.0	2.1	2.5	2.6	2.6	2.5	3.5	2.7
稳定时间(min)	5.5	3.8	2.9	3.3	2.9	3.4	3.9	2.8
拉伸面积135(min)(cm²)								
延伸性(mm)								
最大阻力(E.U)								
烘焙评价								
面包体积(ml)								
面包评分								
蒸煮评价								
面条评分	83							

（续表）

样品编号	180360	180364	180375	180382	180389	180321	180001	180028
品种名称	山农20	山农20	山农20	山农20	山农20	山农24	山农28	山农28
达标类型	—	—	—	—	—	MS	MG	MG
样品信息								
样品来源	安徽寿县	安徽灵璧	山东新泰	山东东平	山东兖州	河北任丘	河北宁晋	河北宁晋
大户姓名	鲁志友	潘树严	岳荣雷	王延训	刘汉良	张亚军	许建社	靳均海
籽粒								
粒色	白	白	白	白	白	白	白	白
硬度指数	62	64	63	64	68	67	66	65
容重(g/L)	769	751	762	757	840	818	791	793
水分(%)	11.0	11.4	11.0	10.9	9.8	11.0	9.0	9.8
粗蛋白(%,干基)	13.7	13.8	13.7	13.7	13.3	13.2	13.6	12.0
降落数值(s)	460	463	438	362	366	362	360	370
面粉								
出粉率(%)	69.3	70.1	70.1	68.2	68.2	69.4	71.0	70.4
沉淀指数(ml)	26.0	30.0	28.0	30.0	35.0	32.0	27.5	25.0
灰分(%,干基)	0.52	0.45	0.53	0.55	0.47	0.59	0.51	0.47
湿面筋(%,14%湿基)	32.2	30.5	30.0	29.9	24.4	29.1	32.5	28.4
面筋指数	64	85	89	87	98	76	70	64
面团								
吸水量(ml/100g)	60.7	58.4	59.2	58.0	59.2	61.2	60.2	57.0
形成时间(min)	3.0	4.9	4.5	4.8	1.7	3.7	3.0	3.5
稳定时间(min)	3.1	6.1	6.0	6.3	5.1	5.7	2.7	4.1
拉伸面积135(min)(cm²)								
延伸性(mm)								
最大阻力(E.U)								
烘焙评价								
面包体积(ml)								
面包评分								
蒸煮评价								
面条评分						81		

（续表）

样品编号	180222	2018XM028	180332	180060	180275	180228	180317	180047
品种名称	山农28	陕麦139	商麦1号	石4366	石麦086	石麦15	石麦18	石麦21
达标类型	MG	—	—	—	MG	—	MG	—
样品信息								
样品来源	山东东阿	陕西宝鸡	河南滑县	河北隆尧	河北吴桥	河北泊头	河北临西	河北清河
大户姓名	张义松	刘峰	杜焕永	潘占东	孙玉良	邓学朋	李鹤	潘庆爽
籽粒								
粒色	白	白	白	白	白	白	白	白
硬度指数	65	58	62	65	65	63	65	65
容重(g/L)	825	792	766	754	797	753	815	797
水分(%)	10.6	11.0	10.2	11.2	10.0	11.2	11.6	10.1
粗蛋白(%,干基)	14.2	17.0	14.3	15.1	13.8	14.1	12.8	14.5
降落数值(s)	404	358	400	380	420	270	364	379
面粉								
出粉率(%)	68.8	62.3	65.5	66.6	66.4	66.5	67.4	68.6
沉淀指数(ml)	27.0		26.5	23.5	24.0	20.0	18.0	24.5
灰分(%,干基)	0.50	0.47	0.56	0.52	0.48	0.51	0.48	0.46
湿面筋(%,14%湿基)	34.0	35.7	31.5	35.8	30.4	32.5	30.1	36.6
面筋指数	65		70	39	55	50	30	49
面团								
吸水量(ml/100g)	62.8	60.5	59.5	56.1	61.2	57.3	60.6	59.8
形成时间(min)	3.2	2.8	3.8	2.3	3.2	3.3	2.5	2.4
稳定时间(min)	2.7	2.1	5.4	1.8	3.5	2.7	2.7	1.7
拉伸面积135(min)(cm²)								
延伸性(mm)								
最大阻力(E.U)								
烘焙评价								
面包体积(ml)								
面包评分								
蒸煮评价								
面条评分		79						

样品编号	180229	180263	180303	180308	180267	180065	180302	180055
品种名称	石农086	石农086	石农086	石农086	石新633	石新633	石新633	石新828
达标类型	MG	MG	MG	—	MG	—	—	MG
样品信息								
样品来源	河北泊头	河北献县	河北故城	河北南和	河北东光	河北大名	河北故城	河北清苑
大户姓名	李树法	李朝辉	冯连强	李献辉	刘杰	郭维	葛风勇	刘加加
籽粒								
粒色	白	白	白	白	白	白	白	白
硬度指数	65	67	68	64	64	62	62	66
容重(g/L)	812	801	802	760	787	786	750	785
水分(%)	10.9	10.9	11.0	11.0	11.7	10.3	11.2	11.5
粗蛋白(%,干基)	14.9	13.6	13.1	13.5	13.9	15.9	15.4	14.3
降落数值(s)	306	301	439	420	324	298	385	349
面粉								
出粉率(%)	66.9	69.1	67.0	65.6	68.8	69.8	69.6	69.3
沉淀指数(ml)	27.5	23.0	22.5	29.0	29.0	33.5	34.0	30.5
灰分(%,干基)	0.47	0.48	0.50	0.49	0.44	0.50	0.57	0.55
湿面筋(%,14%湿基)	35.1	31.0	29.6	31.4	29.9	38.7	36.4	32.4
面筋指数	51	51	71	62	65	75	61	75
面团								
吸水量(ml/100g)	65.0	60.4	58.8	57.6	57.5	59.8	58.0	56.8
形成时间(min)	3.2	2.7	2.7	2.3	3.4	3.2	3.8	3.7
稳定时间(min)	3.1	3.1	2.7	3.6	4.7	5.0	6.4	4.3
拉伸面积135(min)(cm²)								
延伸性(mm)								
最大阻力(E.U)								
烘焙评价								
面包体积(ml)								
面包评分								
蒸煮评价								
面条评分							70	70

（续表）

样品编号	180058	180256	180006	180296	180211	180201	N180369	N180331
品种名称	石新828	石新828	石新828	顺麦6号	苏麦11	苏麦188	苏麦188	潍1309
达标类型	MG	MG	—	MG	—	MG	—	MG
样品信息								
样品来源	河北赵县	河北赵县	河北宁晋	河南太康	江苏高邮	江苏高邮	安徽长丰	安徽濉溪
大户姓名	李素敏	范立涛	李聚谦	张娟	丰庆种业	—	马长春	黄岩
籽粒								
粒色	白	白	白	白	红	红	红	白
硬度指数	64	67	65	66	52	52	58	61
容重(g/L)	786	770	783	830	811	818	748	799
水分(%)	10.2	11.1	9.7	10.7	11.6	10.9	10.9	11.0
粗蛋白(%,干基)	14.3	15.0	13.8	15.4	14.4	14.6	13.4	14.5
降落数值(s)	409	453	315	340	274	376	181	412
面粉								
出粉率(%)	68.0	69.7	67.7	69.8	64.9	63.9	69.1	71.2
沉淀指数(ml)	24.5	28.0	22.0	32.5	34.0	33.0	40.0	31.0
灰分(%,干基)	0.52	0.55	0.55	0.47	0.49	0.46	0.75	0.65
湿面筋(%,14%湿基)	33.2	33.5	31.1	35.6	32.2	36.1	30.8	35.4
面筋指数	60	62	54	60	63	63	90	62
面团								
吸水量(ml/100g)	56.1	58.5	56.5	62.0	59.3	62.0	60.5	59.5
形成时间(min)	3.3	3.5	2.2	3.8	3.0	3.0	2.1	3.7
稳定时间(min)	3.1	4.9	1.5	5.4	3.3	3.9	3.3	5.2
拉伸面积135(min)(cm²)								
延伸性(mm)								
最大阻力(E.U)								
烘焙评价								
面包体积(ml)								
面包评分								
蒸煮评价								
面条评分			77					78

（续表）

样品编号	180223	N180377	180213	180043	N180367	N180373	2018CC022	180052
品种名称	泰麦198	天民198	天益科麦5号	铁杆吨麦王	皖麦52	涡麦11	西农538	西农585
达标类型	MG	—	MS	MG	MG	—	—	—
样品信息								
样品来源	山东东阿	安徽凤阳	连云港五图河农场	河北宁晋	安徽灵璧	安徽濉溪	湖北襄阳	河南长葛
大户姓名	张义松	陈念龙	—	靳均海	韩双	叶可	孙天红	王方毅
籽粒								
粒色	白	白	白	白	白	白	白	白
硬度指数	67	52	51	62	66	69	58	67
容重(g/L)	819	746	779	780	806	805	811	788
水分(%)	10.2	11.4	11.0	10.0	11.0	11.1	10.5	10.9
粗蛋白(%,干基)	14.1	11.8	15.6	13.5	13.7	14.4	14.2	14.2
降落数值(s)	406	133	376	335	479	287	225	153
面粉								
出粉率(%)	67.8	65.8	67.6	68.7	71.6	70.2	63.1	67.2
沉淀指数(ml)	27.0	24.0	31.5	27.0	34.0	38.0		36.0
灰分(%,干基)	0.50	0.66	0.47	0.50	0.56	0.78	0.55	0.49
湿面筋(%,14%湿基)	33.2	29.6	34.3	31.1	34.3	37.9	29.8	31.1
面筋指数	58	13	70	58	66	52		93
面团								
吸水量(ml/100g)	62.3	56.7	59.5	54.8	59.1	68.6	59.8	59.3
形成时间(min)	3.2	1.6	4.2	2.5	4.9	3.8	1.8	2.3
稳定时间(min)	3.2	1.6	7.1	2.5	7.0	3.2	2.0	5.2
拉伸面积135(min)(cm²)			24		73			
延伸性(mm)			148		158			
最大阻力(E.U)			114		353			
烘焙评价								
面包体积(ml)			790					
面包评分			64					
蒸煮评价								
面条评分			82		75			83

（续表）

样品编号	2018XM027	2018XM032	2018XM035	2018XM033	2018XM026	2018XM029	2018XM031	2018XM036
品种名称	西农822	西农822	西农822	西农928	小偃22	小偃22	小偃22	小偃22
达标类型	一	一	一	一	一	一	一	一
样品信息								
样品来源	陕西凤翔	陕西陇县	陕西武功	陕西陇县	陕西凤翔	陕西宝鸡	陕西陇县	陕西武功
大户姓名	唐少东	葛建军	党元柳	赵新水	刘卫娟	罗引萍	秦秀芹	刘世航
籽粒								
粒色	白	白	白	白	白	白	白	白
硬度指数	56	61	59	70	69	62	69	62
容重(g/L)	775	776	795	760	804	750	741	817
水分(%)	10.4	10.0	12.1	9.3	12.4	9.9	8.1	10.6
粗蛋白(%,干基)	15.2	16.1	14.6	16.6	14.0	15.1	16.1	16.2
降落数值(s)	322	182	203	225	353	207	256	253
面粉								
出粉率(%)	70.4	59.7	58.4	65.4	68.9	66.5	69.0	69.8
沉淀指数(ml)								
灰分(%,干基)	0.63	0.48	0.61	0.59	0.74	0.44	0.61	0.50
湿面筋(%,14%湿基)	32.0	33.8	30.6	36.5	30.9	33.3	33.8	33.9
面筋指数								
面团								
吸水量(ml/100g)	57.7	60.4	60.6	64.1	63.4	61.8	63.7	61.7
形成时间(min)	3.0	4.0	2.7	4.0	2.7	3.5	3.7	5.9
稳定时间(min)	2.2	3.7	2.2	2.4	1.0	1.8	1.8	4.8
拉伸面积135(min)(cm²)								
延伸性(mm)								
最大阻力(E.U)								
烘焙评价								
面包体积(ml)								
面包评分								
蒸煮评价								
面条评分								

样品编号	2018XM037	2018XM034	2018XM061	2018XM050	2018XM051	2018XM052	2018XM054	2018XM060
品种名称	小偃22	小燕22	新冬18	新冬20	新冬20	新冬22	新冬22	新冬22
达标类型	—	—	—	—	—	—	—	—
样品信息								
样品来源	陕西眉县	陕西武功	新疆额敏	新疆疏勒	新疆疏附	新疆拜城	新疆农七师	新疆第九师
大户姓名	李莹	党元柳	陈鹏	阿卜杜热西提·萨布尔	布汗·托胡提	塞哈尔·亚森	唐海龙	黄建华
籽粒								
粒色	白	白	白	白	白	白	白	白
硬度指数	72	67	53	65	65	61	57	49
容重(g/L)	789	748	789	825	811	800	795	817
水分(%)	8.5	10.1	11.5	12.3	8.9	10.5	7.5	10.2
粗蛋白(%,干基)	13.4	15.6	13.2	13.4	14.3	14.2	15.5	12.8
降落数值(s)	285	257	229	267	266	216	246	223
面粉								
出粉率(%)	73.5	66.7	66.9	66.1	66.9	67.0	62.4	71.4
沉淀指数(ml)								
灰分(%,干基)	0.44	0.54	0.37	0.50	0.43	0.59	0.61	0.37
湿面筋(%,14%湿基)	29.6	32.7	25.1	28.2	31.5	29.9	32.5	26.8
面筋指数								
面团								
吸水量(ml/100g)	64.5	62.7	56.4	63.1	62.9	60.7	58.9	53.8
形成时间(min)	3.0	3.2	2.3	2.5	2.5	3.7	7.0	1.8
稳定时间(min)	1.8	1.6	2.4	2.5	1.7	2.8	9.8	3.2
拉伸面积135(min)(cm²)							137	
延伸性(mm)							212	
最大阻力(E.U)							468	
烘焙评价								
面包体积(ml)							795	
面包评分							78	
蒸煮评价								
面条评分							88	

（续表）

样品编号	2018XM055	180053	180226	180051	180318	180280	180041	180277
品种名称	新冬41	新麦28	新系02-1	鑫麦296	鑫麦296	邢麦1号	邢麦4号	邢麦7号
达标类型	—	MG	MG	MG	MG	MG	MG	MG
样品信息								
样品来源	新疆农七师	河南长葛	河北景县	山西阳城	河北隆尧	河北深州	河北阜城	河北深州
大户姓名	蒋新华	张培峰	张国华	冯赵兵	武军祥	祖长增	孟园元	王纪峰
籽粒								
粒色	白	白	白	白	白	白	白	白
硬度指数	68	66	62	65	67	65	69	65
容重(g/L)	842	809	772	779	781	782	791	788
水分(%)	10.2	10.8	10.4	9.6	11.4	11.3	10.6	11.5
粗蛋白(%,干基)	15.8	14.5	15.6	13.8	14.8	14.7	14.0	14.9
降落数值(s)	255	381	396	364	347	428	370	361
面粉								
出粉率(%)	68.3	68.0	69.9	66.8	66.0	66.9	61.0	69.5
沉淀指数(ml)		38.5	30.0	35.0	28.0	27.0	21.5	26.0
灰分(%,干基)	0.47	0.44	0.46	0.56	0.47	0.46	0.57	0.45
湿面筋(%,14%湿基)	34.8	29.0	38.9	33.2	33.1	32.8	31.1	33.3
面筋指数		96	56	73	60	66	59	70
面团								
吸水量(ml/100g)	63.3	59.5	64.8	61.9	60.8	59.3	59.5	58.0
形成时间(min)	3.3	2.5	2.9	4.0	2.7	3.7	2.7	3.5
稳定时间(min)	2.8	5.0	3.7	4.2	2.7	4.1	2.5	4.1
拉伸面积135(min)(cm²)								
延伸性(mm)								
最大阻力(E.U)								
烘焙评价								
面包体积(ml)								
面包评分								
蒸煮评价								
面条评分		79						

样品编号	180335	N180362	N180334	N180335	180132	180140	180153	180154
品种名称	徐麦35	徐麦35	烟农5286	烟农5286	扬辐麦4号	扬辐麦4号	扬辐麦4号	扬辐麦4号
达标类型	—	—	MG	—	MG	MG	MG	MG
样品信息								
样品来源	河南滑县	安徽泗县	安徽濉溪	安徽凤台	江苏溧阳	江苏宝应	江苏高邮	江苏金坛
大户姓名	杜焕永	王绍树	黄岩	陈洪侠	赵德顺	李真海	蒋凤银	金土地
籽粒								
粒色	白	白	白	白	红	红	红	红
硬度指数	64	67	67	66	53	45	49	45
容重(g/L)	774	806	818	766	782	770	809	778
水分(%)	9.7	11.1	11.3	10.8	12.0	11.3	10.9	10.9
粗蛋白(%,干基)	12.9	15.0	14.1	13.8	15.3	14.4	14.5	13.6
降落数值(s)	408	380	397	114	310	367	338	364
面粉								
出粉率(%)	67.5	72.4	71.6	69.3	65.5	66.3	66.2	65.3
沉淀指数(ml)	22.0	31.0	38.0	39.0	32.5	30.0	30.0	24.0
灰分(%,干基)	0.55	0.72	0.63	0.66	0.43	0.44	0.51	0.54
湿面筋(%,14%湿基)	30.7	36.1	35.4	26.1	34.6	33.6	34.0	28.8
面筋指数	50	54	66	90	50	75	65	62
面团								
吸水量(ml/100g)	61.3	61.9	66.1	62.3	59.6	53.9	56.8	55.0
形成时间(min)	2.2	2.4	4.2	2.1	2.9	2.7	2.9	2.2
稳定时间(min)	1.7	2.0	5.1	3.4	2.6	3.8	3.1	3.2
拉伸面积135(min)(cm²)								
延伸性(mm)								
最大阻力(E.U)								
烘焙评价								
面包体积(ml)								
面包评分								
蒸煮评价								
面条评分			76					

（续表）

样品编号	180164	180212	180137	180141	180174	180187	180139	180288
品种名称	扬辐麦4号	扬辐麦4号	扬麦16	扬麦16	扬麦16	扬麦16	扬麦22	阳光818
达标类型	MG	—	MG	—	—	—	—	MG
样品信息								
样品来源	江苏江都	江苏射阳	江苏张家港	江苏太仓	江苏东台	江苏常熟	江苏靖江	河北东光
大户姓名	金土地	西移村	司国峰	雅丰农场	周正忠	常熟种业	范金泉	王路红
籽粒								
粒色	红	红	红	红	红	红	红	白
硬度指数	51	50	62	63	62	62	51	68
容重(g/L)	804	758	779	791	768	818	758	794
水分(%)	11.2	11.7	11.2	11.1	11.2	11.3	10.6	11.5
粗蛋白(%,干基)	13.5	14.6	15.5	13.5	16.4	14.5	11.6	14.6
降落数值(s)	339	333	323	294	458	284	198	361
面粉								
出粉率(%)	66.2	70.1	67.9	68.1	66.5	68.2	66.4	66.6
沉淀指数(ml)	28.0	29.5	38.5	35.0	39.5	40.0	20.0	25.0
灰分(%,干基)	0.51	0.46	0.48	0.48	0.51	0.54	0.53	0.48
湿面筋(%,14%湿基)	30.8	34.2	35.3	30.2	38.8	33.8	23.9	33.5
面筋指数	56	60	63	74	71	67	85	52
面团								
吸水量(ml/100g)	56.3	56.3	61.9	61.8	61.6	61.1	54.9	61.9
形成时间(min)	2.8	3.0	3.5	2.8	3.3	3.2	1.4	3.5
稳定时间(min)	3.0	3.4	3.5	4.1	5.5	4.2	2.4	3.1
拉伸面积135(min)(cm²)								
延伸性(mm)								
最大阻力(E.U)								
烘焙评价								
面包体积(ml)								
面包评分								
蒸煮评价								
面条评分				77				

样品编号	2018XM053	180103	180227	180075	N180333	180246	2018XM010	2018CC025
品种名称	伊农18	婴泊700	婴泊700	婴泊700	永民1718	优麦2号	豫农70	兆丰5号
达标类型	—	MG	MG	—	MS	—	—	—
样品信息								
样品来源	新疆伊宁	河北南和	河北景县	河北曲周	安徽濉溪	山东齐河	湖北	内蒙古巴彦淖尔
大户姓名	哈里比也提·阿布拉	宁永强	张国华	张付亮	赵德民	王秀华	—	李满明
籽粒								
粒色	白	白	白	白	白	白	白	白
硬度指数	63	68	63	65	48	60	51	62
容重(g/L)	839	785	796	747	817	798	754	783
水分(%)	12.7	10.7	10.3	10.2	11.2	10.4	10.3	9.3
粗蛋白(%,干基)	14.6	14.5	15.2	14.7	16.1	14.8	13.3	12.1
降落数值(s)	274	345	375	394	321	453	377	300
面粉								
出粉率(%)	60.5	66.0	66.5	66.1	65.1	70.5	66.7	63.2
沉淀指数(ml)		23.0	25.0	25.0	33.0	29.0		
灰分(%,干基)	0.48	0.56	0.53	0.56	0.53	0.50	0.48	0.42
湿面筋(%,14%湿基)	30.7	32.4	36.9	35.8	37.5	38.2	29.3	25.1
面筋指数		44	45	47	56	48		
面团								
吸水量(ml/100g)	62.1	61.9	66.4	59.6	59.6	56.9	55.6	61.9
形成时间(min)	2.7	2.8	2.7	2.3	4.8	2.5	1.8	1.9
稳定时间(min)	1.9	2.7	3.4	2.3	5.3	1.9	2.2	2.0
拉伸面积135(min)(cm²)								
延伸性(mm)								
最大阻力(E.U)								
烘焙评价								
面包体积(ml)								
面包评分								
蒸煮评价								
面条评分					84			

（续表）

样品编号	180239	180305	180079	180085	N180375	N180343
品种名称	中麦1062	中麦175	中麦175	众信麦9号	周麦17	紫麦19
达标类型	MG	MG	—	MG	MG	MG
样品信息						
样品来源	河北文安	河北玉田	河北玉田	河北成安	安徽萧县	安徽灵璧
大户姓名	李双臣	冯立田	于春	赵海臣	徐缓	许昊
籽粒						
粒色	白	白	白	白	白	白
硬度指数	64	66	64	66	67	66
容重(g/L)	792	798	817	789	788	801
水分(%)	11.0	11.0	9.9	10.2	11.2	11.4
粗蛋白(%,干基)	16.1	15.3	12.6	14.5	14.0	14.5
降落数值(s)	362	387	274	380	390	373
面粉						
出粉率(%)	67.5	65.6	67.2	67.3	71.8	68.1
沉淀指数(ml)	25.0	31.0	25.0	24.0	31.0	34.0
灰分(%,干基)	0.48	0.52	0.51	0.49	0.71	0.66
湿面筋(%,14%湿基)	36.6	40.3	29.3	33.6	36.1	37.4
面筋指数	52	52	55	54	55	57
面团						
吸水量(ml/100g)	60.6	65.4	60.6	59.8	65.7	62.1
形成时间(min)	3.2	3.3	2.7	3.2	3.4	4.2
稳定时间(min)	3.3	3.0	2.7	3.9	3.3	3.9
拉伸面积135(min)(cm²)						
延伸性(mm)						
最大阻力(E.U)						
烘焙评价						
面包体积(ml)						
面包评分						
蒸煮评价						
面条评分						

5 弱筋小麦

5.1 品质综合指标

弱筋小麦中，达到郑州商品交易所强筋小麦交割标准（Z）的样品有 1 份；达到中筋小麦标准（MG）的样品有 18 份；未达标（一）样品有 9 份。弱筋小麦主要品质指标特性如图 5-1 所示，达标小麦样品比例如图 5-2 所示，弱筋小麦抽样县（区、市、旗）如图 5-3 所示。

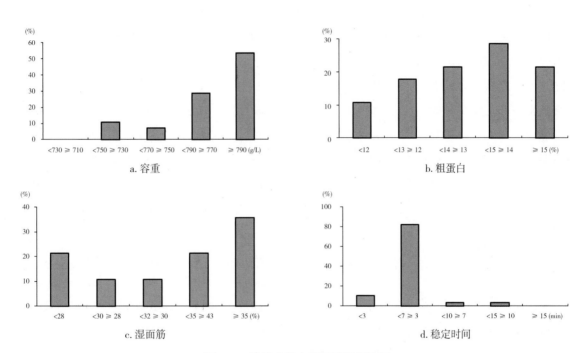

图 5-1 弱筋小麦主要品质指标特征

a. 容重

b. 粗蛋白

c. 湿面筋

d. 稳定时间

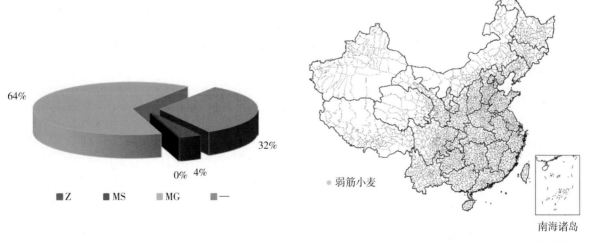

南海诸岛

图 5-2 达标小麦样品比例

图 5-3 弱筋小麦抽样县（区、市、旗）

5.2 样本质量

2018年弱筋小麦样品品质分析统计，如下表所示。

表 样品品质分析统计

样品编号	180115	180116	180124	180130	180134	180146	180150	180152
品种名称	宁麦13	宁麦13	宁麦13	宁麦13	宁麦13	宁麦13	宁麦13	宁麦13
达标类型	MG	MG	MG	MG	MG	MG	MG	MG
样品信息								
样品来源	江苏六合	江苏射阳	江苏姜堰	江苏洪泽	江苏泰兴	江苏盱眙	江苏兴化	江苏淮安
大户姓名	张立友	徐学明	童进龙	吴宝祥	伍健明	丰登种业	吴贵祥	史臣庆
籽粒								
粒色	红	红	红	红	红	红	红	红
硬度指数	62	59	63	65	61	64	62	62
容重(g/L)	798	796	807	823	794	807	813	786
水分(%)	10.8	10.7	10.3	11.2	11.5	11.2	10.8	11.8
粗蛋白(%,干基)	12.9	12.7	13.6	14.8	13.4	14.2	14.9	15.3
降落数值(s)	372	403	406	387	350	381	367	396
面粉								
出粉率(%)	62.8	66.1	66.7	65.9	67.9	68.6	68.9	67.6
沉淀指数(ml)	29.0	29.5	34.0	32.0	34.0	35.0	36.5	36.5
灰分(%,干基)	0.49	0.52	0.50	0.55	0.44	0.45	0.56	0.55
湿面筋(%,14%湿基)	29.6	30.2	32.2	35.4	29.2	34.0	37.2	36.3
面筋指数	60	65	63	51	84	60	67	64
面团								
吸水量(ml/100g)	59.3	58.5	62.5	62.5	57.9	63.1	62.0	61.4
形成时间(min)	3.5	3.9	3.3	3.5	3.8	3.8	3.7	4.2
稳定时间(min)	3.8	4.7	4.5	4.9	5.7	4.9	4.2	6.8
拉伸面积135(min)(cm²)								
延伸性(mm)								
最大阻力(E.U)								
烘焙评价								
面包体积(ml)								
面包评分								
蒸煮评价								
面条评分						73		73

（续表）

样品编号	180161	180162	180172	180173	N180370	180121	180183	180216
品种名称	宁麦13	宁麦13	宁麦13	宁麦13	宁麦13	宁麦13	宁麦13	宁麦13
达标类型	MG	MG	MG	MG	MG	—	—	—
样品信息								
样品来源	江苏大丰	江苏金湖	江苏宜兴	江苏盐都	安徽定远	江苏靖江	江苏海安	江苏江宁
大户姓名	殷长荣	作栽站	沃丰农业	周高祥	陈彪	王勇	周宝进	稻麦香合作社
籽粒								
粒色	红	红	红	红	红	红	红	红
硬度指数	61	63	62	62	62	60	66	62
容重(g/L)	797	821	790	789	787	774	803	801
水分(%)	11.5	10.8	11.9	11.5	11.5	9.6	11.7	11.4
粗蛋白(%,干基)	14.6	15.0	14.0	15.3	13.9	11.9	12.4	11.7
降落数值(s)	384	424	401	394	453	296	254	393
面粉								
出粉率(%)	70.5	69.4	70.6	67.3	67.8	63.8	64.4	64.7
沉淀指数(ml)	38.5	33.5	40.5	42.5	37.0	28.5	37.0	28.0
灰分(%,干基)	0.50	0.49	0.54	0.44	0.57	0.46	0.55	0.47
湿面筋(%,14%湿基)	35.8	38.7	32.3	36.4	34.7	24.0	26.8	26.3
面筋指数	65	57	75	74	63	81	89	82
面团								
吸水量(ml/100g)	62.1	62.3	61.6	61.1	61.6	57.9	59.2	59.4
形成时间(min)	3.8	3.2	3.8	5.0	3.2	2.2	2.3	2.5
稳定时间(min)	5.3	5.0	5.8	6.5	4.2	4.3	5.5	5.5
拉伸面积135(min)(cm²)								
延伸性(mm)								
最大阻力(E.U)								
烘焙评价								
面包体积(ml)								
面包评分								
蒸煮评价								
面条评分	73	73	73	73			73	73

（续表）

样品编号	N180336	N180379	180158	180156	180151	N180359	N180360	180127
品种名称	宁麦13	宁麦13	宁麦14	扬麦13	扬麦15	扬麦15	扬麦15	扬麦20
达标类型	—	—	MG	MG	—	—	—	MG
样品信息								
样品来源	安徽裕安区	安徽天长	江苏兴化	江苏建湖	江苏仪征	安徽寿县	安徽定远	江苏东台
大户姓名	赵光勋	余先玉	洪定凡	建湖农推	殷长明	顾广银	陈彪	朱东生
籽粒								
粒色	红	红	红	红	红	红	红	红
硬度指数	47	50	46	39	48	47	41	48
容重(g/L)	748	765	805	778	752	785	730	772
水分(%)	11.1	11.5	11.2	10.9	11.7	11.0	11.5	11.4
粗蛋白(%,干基)	13.8	14.3	13.8	16.0	12.9	10.7	12.9	15.3
降落数值(s)	191	289	396	307	259	380	213	340
面粉								
出粉率(%)	65.1	65.6	59.3	70.1	65.3	65.2	65.1	67.6
沉淀指数(ml)	33.0	34.0	30.0	31.5	36.0	33.0	31.0	36.0
灰分(%,干基)	0.96	0.58	0.49	0.54	0.50	0.67	0.56	0.43
湿面筋(%,14%湿基)	32.5	35.7	31.4	38.5	23.9	25.4	25.6	35.7
面筋指数	58	63	73	52	98	87	95	78
面团								
吸水量(ml/100g)	58.3	58.2	60.7	53.6	53.2	56.3	56.5	55.5
形成时间(min)	1.9	2.7	3.0	2.0	1.5	1.6	1.5	2.7
稳定时间(min)	3.6	3.9	3.0	3.7	6.6	2.9	1.7	7.0
拉伸面积135(min)(cm²)								85
延伸性(mm)								142
最大阻力(E.U)								452
烘焙评价								
面包体积(ml)								
面包评分								
蒸煮评价								
面条评分						78		76

（续表）

样品编号	180138	180165	180218	N180381
品种名称	扬麦20	扬麦20	扬麦20	扬麦20
达标类型	MG	MG	Z3	—
样品信息				
样品来源	江苏如东	江苏溧阳	江苏大丰	安徽寿县
大户姓名	—	周国建	大中农场	朱慧杰
籽粒				
粒色	红	红	红	红
硬度指数	55	52	49	49
容重(g/L)	796	799	783	746
水分(%)	11.3	11.6	10.9	11.2
粗蛋白(%,干基)	13.2	14.4	15.6	14.6
降落数值(s)	353	388	414	137
面粉				
出粉率(%)	68.5	63.6	65.5	65.0
沉淀指数(ml)	30.0	32.0	39.0	28.0
灰分(%,干基)	0.48	0.49	0.57	0.80
湿面筋(%,14%湿基)	28.9	30.9	33.8	36.6
面筋指数	80	59	86	22
面团				
吸水量(ml/100g)	54.5	54.0	55.3	58.1
形成时间(min)	1.7	1.7	2.2	2.2
稳定时间(min)	4.0	4.3	11.8	2.5
拉伸面积135(min)(cm²)			93	
延伸性(mm)			145	
最大阻力(E.U)			504	
烘焙评价				
面包体积(ml)				
面包评分				
蒸煮评价				
面条评分			76	

6 附录

6.1 面条制作和面条评分

称取 200g 面粉于和面机中，启动和面机低速转动（132 rpm），在 30s 内均匀加入计算好的水量［每百克面粉（以 14% 湿基计）水分含量 30% ± 2%］，继续搅拌 30s，然后高速（290 rpm）搅拌 2min，再低速搅拌 2 min。把和好的颗粒粉团倒入保湿盒或保湿袋中，于室温醒面 30 min。制面机（OHTAKE-150 型）轧距为 2 mm，直轧粉团 1 次、三折 2 次、对折 1 次；轧距为 3.5mm，对折直轧 1 次，轧距为 3mm、2.5mm、2mm 和 1.5mm 分别直轧 1 次，最后调节轧距，使切成的面条宽为 2.0mm，厚度为 1.25mm ± 0.02mm。称取一定量鲜切面条（一般 100g 可满足 5 人的品尝量），放入沸水锅内，计时 4min，将面条捞出，冷水浸泡 30s 捞出。面条评价由 5 位人员品尝打分，评分方法见面条评分方法，如表 6-1 所示。

表 6-1 面条评分方法

色泽 20 分		表面状况 10 分		硬度 10 分		黏弹性 30 分		光滑性 20 分		食味 10 分	
亮白、亮黄	17~20	结构细密，光滑	8~10	软硬适中	8~10	不黏牙，弹性好	27~30	爽口，光滑	17~20	具有麦香味	8~10
亮度一般	15~16	结构一般	7	稍软或硬	7	稍黏牙，弹性稍差	24~26	较爽口，光滑	15~16	基本无异味	7
亮度差	12~14	结构粗糙，膨胀，变形	6	太软或硬	6	黏牙，无弹性	21~23	不爽口，光滑差	12~14	有异味	6

6.2 郑州商品交易所期货用优质强筋小麦

郑州商品交易所期货用优质强筋小麦交割标准，如表 6-2 所示。

表 6-2 郑州商品交易所期货用优质强筋小麦交割标准

项 目				指 标		
				一 等	二 等	基准品
籽粒	容重（g/L）		≥	770		
	水分（%）		≤	13.5		
	不完善粒（%）		≤	12.0		
	杂质（%）	总量	≤	1.5		
		矿物质	≤	0.5		
	降落数值（s）		≥	300, 500		
	色泽、气味			正常		
小麦粉	湿面筋（14% 水分基）（%）		≥	30.0		
	拉伸面积（135min）（cm²）		≥	120	100	90
	面团稳定时间（min）		≥	16.0	12.0	8.0

6.3　中强筋小麦和中筋小麦

《2018年中国小麦质量报告》中强筋小麦和中筋小麦品质分类指标，如表6-3所示。

表6-3　中强筋小麦、中筋小麦（本报告标准）

项目		类型	
		中强筋小麦	中筋小麦
籽粒	容重（g/L）	≥770	
	降落数值（s）	≥300	
	粗蛋白质（干基）（%）	≥13.0	≥12.0
小麦粉	湿面筋（14%水分基）（%）	≥28.0	≥25.0
	面团稳定时间（min）	≥6.0	＜6.0，≥2.5
	蒸煮品质评分值	≥80（面条）	≥80（馒头）

7 参考文献

中华人民共和国国家标准局.1982.中华人民共和国农业行业标准：NY/T 3—1982.谷物、豆类作物种子粗蛋白质测定法（半微量凯氏法）［S］.北京：中国农业出版社.

中华人民共和国农业部.2006.中华人民共和国农业行业标准：NY/T1094.2—2006.小麦实验制粉　第2部分：布勒氏法 用于硬麦［S］.北京：中国农业出版社.

中华人民共和国农业部.2006.中华人民共和国农业行业标准：NY/T1094.4—2006.小麦实验制粉　第4部分：布勒氏法　用于软麦统粉［S］.北京：中国农业出版社.

中华人民共和国国家粮食局.1995.中华人民共和国粮食行业标准：LS/T 6102—1995.小麦粉湿面筋质量测定法—面筋指数法［S］.北京：中国标准出版社.

中华人民共和国国家卫生和计划生育委员会.2016.中华人民共和国国家标准：GB 5009.3—2016.食品安全国家标准　食品中水分的测定［S］.北京：中国标准出版社.

中华人民共和国国家卫生和计划生育委员会.2016.中华人民共和国国家标准：GB 5009.4—2016.食品安全国家标准　食品中灰分的测定［S］.北京：中国标准出版社.

中华人民共和国国家质量监督检验检疫总局.1999.中华人民共和国国家标准：GB/T 17892‑1999.优质小麦—强筋小麦［S］.北京：中国标准出版社.

中华人民共和国国家质量监督检验检疫总局.1999.中华人民共和国国家标准：GB/T 17893‑1999.优质小麦—弱筋小麦［S］.北京：中国标准出版社.

中华人民共和国国家质量监督检验检疫总局.2007.中华人民共和国国家标准：GB/T 21304—2007.小麦硬度测定　硬度指数法［S］.北京：中国标准出版社.

中华人民共和国国家质量监督检验检疫总局.2013.中华人民共和国国家标准：GB/T 5498—2013.粮食、油料检验　容重测定法［S］.北京：中国标准出版社.

中华人民共和国国家质量监督检验检疫总局.2008.中华人民共和国国家标准：GB/T 10361—2008.谷物降落数值测定法［S］.北京：中国标准出版社.

中华人民共和国国家质量监督检验检疫总局.2008.中华人民共和国国家标准：GB/T 5506.2—2008.小麦和小麦粉　面筋含量　第2部分：仪器法测定湿面筋［S］.北京：中国标准出版社.

中华人民共和国国家质量监督检验检疫总局.2007.中华人民共和国国家标准：GB/T 21119—2007.小麦 沉淀指数测定　Zeleny 试验［S］.北京：中国标准出版社.

中华人民共和国国家质量监督检验检疫总局.2006.中华人民共和国国家标准：GB/T 14614—2006.小麦粉　面团的物理特性　吸水量和流变学特性的测定　粉质仪法［S］.北京：中国标准出版社.

中华人民共和国国家质量监督检验检疫总局.2006.中华人民共和国国家标准：GB/T 14615—2006.小麦粉　面团的物理特性　流变学特性测定 拉伸仪法［S］.北京：中国标准出版社.

中华人民共和国国家质量监督检验检疫总局.2008.中华人民共和国国家标准：GB/T 14611—2008.小麦粉面包烘焙品质试验　直接发酵法［S］.北京：中国标准出版社.